DIE ALB-GOLD
Kräuter Welt

Christel Ehlers

Die ALB-GOLD Kräuter Welt

Mit Fotos von Dietmar Nill und Susanne Rein

ulmer

INHALT

Luftaufnahme des nördlichen Teils mit dem Körperbeet.

Gartenplan

1 Infopavillon und Marktplatz
2 Steingarten, Felsensteppe
3 Heckenbereich
4 Körperbeet
5 Fußtastpfad
6 Hildegard von Bingen
7 Bauerngarten
8 Genießerpflanzen
9 Schnittblumenfeld
10 Beerengarten
11 Blütenpracht/Kürbisse/Pfefferminztorte
12 Gemüsegarten
13 Tee- und Gewürzkräuter
14 Gewächshaus
15 Duft- und Färberpflanzenwiese
16 Wacholderheide
17 Weidenpavillon
18 Feuchtzone
19 Landwirtschaftlicher Lehrpfad
20 Buntbrache
21 Streuobstwiese
22 Kräutermarkt
23 Blumenwiese
24 Kräuterspiralen
25 Erlebnisspielplatz
26 GEO-Park Infostelle
27 Wildbienenhaus

Körperbeet

A Kopf/Sinnesorgane
B Erkältung/Bronchialkatarrh
C Zentrales Nervensystem/Kopf
D Widerstandskraft/Frühjahrskur
E Beruhigendes
F Herz/Kreislauf
G Magen/Verdauung
H Geschlechtlichkeit
I Niere/Blase
J Haut
K Gelenke

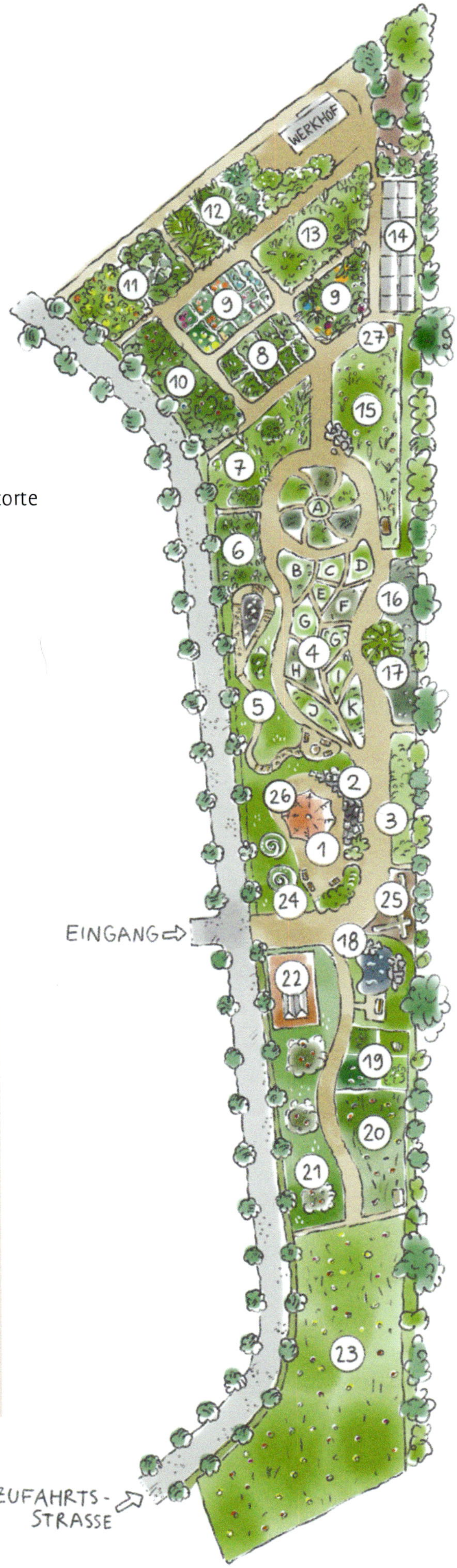

WILLKOMMEN IN DER KRÄUTER WELT!

Viele fleißige Hände und Köpfe, eine gut durchdachte Planung der Landschaftsgärtner: Ihnen ist zu verdanken, dass sich der Kräutergarten der Firma ALB-GOLD zu einem Paradies für Pflanzen, Insekten und Naturliebhaber entwickelt hat. Wir freuen uns sehr, Ihnen diesen besonderen Garten mit seiner enormen Vielfalt näherbringen zu dürfen!

Eingebettet in die herrliche Landschaft der Schwäbischen Alb befinden wir uns hier in der Nähe der kleinen und sehenswerten Stadt Trochtelfingen auf 720 Meter Höhe. Wenn Sie uns besuchen kommen, denken Sie daran: Auf der Alb ist es meist „ein Kittel kälter" als im nahen Tübingen oder Stuttgart – so sagt man hier. Der Winter ist ungemütlicher und später vorbei auf der steinreichen Alb.

Die Böden sind karg, das Karstgebiet lässt Wasser schnell versickern und erst in den Tälern wieder zum Vorschein kommen. Doch das ist gut für die meisten Kräuter – sie freuen sich über den guten Wasserablauf und den kalkhaltigen Boden. Viele sind trockenheitsliebend und mögen nasse Füße gar nicht. So kommt es, dass sich erstaunlich viele Pflanzen hier wohlfühlen. Die Sonneneinstrahlung im Hochsommer hat eine enorme Intensität, bringt die Farben zum Leuchten und verstärkt die Aromen.

Die Kräuter Welt betreten Sie durch ein großes Tor. Sie stehen nun auf dem „Marktplatz", einladender Treffpunkt für die Themenführungen durch den Kräutergarten und den morgendlichen Spaziergang (mehr zu Führungen und Veranstaltungen finden Sie im Serviceteil). Der Marktplatz ist das Herzstück der großen jahreszeitlich stattfindenden ALB-GOLD-Märkte sowie für den Kürbismarkt im Herbst mit seinen phantasievollen Ernte-Darstellungen.

Hier finden Sie auch den Kräuter Markt, der während der gesamten Saison eine große Auswahl an besonderen Kräutern und allerlei Pflanzen sowie Obst und Gemüse anbietet, vorwiegend in Bio-Qualität, dazu eine bunte Palette zum Thema Garten – mit Büchern, Töpfen, Dekoration und vielem mehr.

Die Kinder zieht es meist gleich auf den Spielplatz, der mit seinen schönen Holzkonstruktionen zum Klettern und zum phantasievollen Spiel einlädt. Sie können sich derweil weiter umsehen: Ein Tisch mit Steinobjekten direkt am Marktplatz schlägt den Bogen zur umgebenden Landschaft mit interessanten Geschichten, die die Neugier auf die Geologie der Schwäbischen Alb wecken. Das ALB-GOLD-Kundenzentrum ist mit seinem großen Pflanzenreichtum und der Vermittlung von Wissen um den Zusammenhang von Gesteinen und Pflanzen eine von zurzeit 26 Infostellen des UNESCO Global Geopark Schwäbische Alb.

Von hier verzweigen sich die Wege in das weitläufige Gebiet der Kräuter Welt. Schade, dass wir Ihnen in diesem Buch keine Düfte übermitteln können. Doch möchten wir Sie damit auf einen Spaziergang durch unseren zwei Hektar großen, wunderschönen Kräutergarten einladen. Wir möchten Sie in das weite Reich der Pflanzenvielfalt mit allen damit verbundenen Genüssen für die Sinne entführen. Die Auswahl unserer Pflanzen ist eine ganz Besondere, mit vielen bekannten und noch viel mehr unbekannten Arten und Sorten, die zum Schnuppern oder zu einer kleinen Kostprobe verleiten – das macht den ganz besonderen Reiz eines Spaziergangs durch die Kräuter Welt aus. Wir wünschen Ihnen viel Freude dabei!

Christel Ehlers
Leiterin der Kräuter Welt

LIEBE LESERINNEN UND LESER,

zugegeben, es ist schon sehr außergewöhnlich, wenn ein Teigwarenproduzent einen zwei Hektar großen Kräutergarten anlegt und unterhält. Wie es dazu kam, möchte ich Ihnen gern erläutern.

Im Unternehmen entstand Anfang des neuen Jahrtausends der Wunsch, das Unternehmen und die Produktmarke ALB-GOLD bekannter zu machen. Zu diesem Zweck haben wir im Jahr 2003 das ALB-GOLD-Kundenzentrum mit der gläsernen Produktion, dem Restaurant „Sonne" und dem Landmarkt eröffnet. Die damals von uns erwarteten Besucherzahlen wurden von Anfang an bei Weitem übertroffen. Ganz offensichtlich haben wir den Nerv der Zeit getroffen und ein großes Interesse in der Öffentlichkeit geweckt.

Schließlich entstand der Wunsch, das ganzheitliche Konzept des ALB-GOLD-Kundenzentrums als „Marktplatz rund um die gesunde Ernährung" mit dem Hinzukommen eines Kräutergartens abzurunden. Wichtig war uns auch, die Nähe des Unternehmens zur Natur und zur naturnahen Landwirtschaft rund um das Firmengelände zu unterstreichen.

Auf der Fläche, die für den Kräutergarten infrage kam, ließen wir umfangreiche Bodenuntersuchungen und Machbarkeitsstudien durchführen. Die intensive Planungsphase mit verschiedenen Fachplanern und schon zwei eingestellten Gärtnerinnen dauerte ein ganzes Jahr – schließlich konnten wir im Sommer 2005 unseren Kräutergarten eröffnen. Das ALB-GOLD Kundenzentrum ist mit der Eröffnung des Kräutergartens um eine ganz besondere Attraktion reicher geworden.

Heute arbeiten während der Saison bis zu zehn Gärtnerinnen und Gärtner in der Anlage. Sie erwecken mit ihren grünen Daumen unsere Kräuter Welt jedes Jahr aufs Neue zu einem Wunderwerk der Natur.

An der Schönheit und Besonderheit des Gartens erfreuen sich nicht nur tausende Besucher, auch unsere Mitarbeiterinnen und Mitarbeiter tanken gerne bei einem Spaziergang durch den Garten frische Energie. An den schönen Sommerabenden oder an den Wochenenden lasse auch ich es mir nicht nehmen, durch den Garten zu schlendern, mich daran zu freuen, meine Sinne zu verwöhnen und die unendliche Vielfalt, Farbigkeit und Schönheit zu genießen. Nach jedem Spaziergang fühle ich mich inspiriert.

Von unserem Gartenteam bekomme ich immer zum Wochenende eine besondere Freude ins Büro geliefert: einen frisch geschnittenen, duftenden Blumengruß. Dafür bin ich sehr dankbar.

Unternehmen auch Sie einen Spaziergang durch unsere Kräuter Welt, überzeugen Sie sich von seiner Besonderheit hier auf der Schwäbischen Alb, von seinen üppigen Farben, Formen und Düften. Ich verspreche Ihnen sicher nicht zu viel: Sie werden beeindruckt sein.

Herzliche Grüße
Ihre
Irmgard Freidler
Geschäftsführerin ALB-GOLD

HEILKRÄUTER

Die Beziehung des Menschen zur Pflanzenwelt ist so alt wie die Menschheit selbst. Zunächst waren Pflanzen Nahrung und Gebrauchsgegenstand, doch die Menschen erkannten deren heilende Kräfte schon sehr früh.

Bereits über 2000 Jahre v. Chr. haben Heilkundige bei den Ägyptern Kräuterrezepturen angewendet. 400 v. Chr. verfasste der griechische Arzt Hippokrates Abhandlungen über pflanzliche Heilmittel. Er gilt als „Vater der Heilkunde".

Nach und nach gelangten die Erkenntnisse über die Wirkung von Heilpflanzen auch in unsere Gefilde. Klöster übernahmen die wichtige Aufgabe, überliefertes Wissen zu bewahren und weiterzugeben, ihre Bewohner pflegten reichhaltige Heilpflanzengärten.

Die berühmte Benediktinerin Hildegard von Bingen spielte im 12. Jahrhundert n. Chr. eine bedeutende Rolle für die Überlieferung der Pflanzenheilkunde. Ihre Schriften beeinflussten die Pflege der Klostergärten in starkem Maße. Das Wissen um die Heilkraft der Pflanzen konnte dadurch auch in der Zeit des Mittelalters bewahrt werden.

Die Pflanzenheilkunde gewinnt heute wieder an Bedeutung. Viele Menschen besinnen sich auf eine naturgemäße Lebensführung zurück und möchten die Kraft der Natur bewusst nutzen.

DAS KÖRPERBEET

Das Körperbeet ist das Herz des Gartens. Es ist angelegt wie ein riesiger (liegender) Mensch, der vor Ihnen auf dem Rücken liegt. Sie sehen es aus der Luft aufgenommen auf dem Foto auf Seite 4 mit dem runden Kopfbeet in der Mitte, dazu unten ein Großteil der weiteren Gartenbereiche wie Bauerngarten, Genießerpflanzen und Gemüsegarten, oben Marktplatz und Kräutermarkt.

Die Heilpflanzen, die im Körperbeet wachsen, sind nach ihrer Wirkung auf die einzelnen Körperbereiche oder Organe geordnet.

Pflanzenmedizin

Das Körperbeet enthält Pflanzen, die zu medizinischen Zwecken verwendet werden oder wurden. Sie sind mit einem Täfelchen mit Namen und Indikationen genau beschrieben. Doch etliche Heilkräuter tragen sehr starke Gifte in sich, die nur in homöopathischen Dosierungen, das heißt in extrem geringen Mengen, in Präparaten enthalten sein dürfen. Gesundheitliche Empfehlungen möchten wir nicht geben; diese sollten immer Sache des Arztes oder Heilpraktikers sein.

Sie gehen zunächst auf die „Beine" zu. Im einen dieser Beete wachsen Pflanzen zur Therapie von Sportverletzungen, Gicht oder Arthrose, im anderen solche, die auf unterschiedliche Weise Heilwirkung bei Hautproblemen zeigen.

Auf schmalen Wegen können Sie nun durch den „Körper" wandern (Schilder in Form von Ginkgoblättern geben Orientierung) und Heilkräuter für Niere und Blase, Leber, Galle und Magen sowie zur Geschlechtlichkeit in der Körpermitte finden.

Weiter oben erreichen Sie das Herz und die beiden Lungenflügel, mit Heilpflanzen beispielsweise bei Kreislaufproblemen, für die Widerstandskraft und die Bronchien. Dann schließen Pflanzen an, die dem Kopf und dem zentralen Nervensystem gut tun, etwa mit beruhigender oder krampflösender Wirkung.

Der Kopf, das Rondell A am Ende des Körperbeetes, hat die Sinne des Menschen zum Thema. Duftende Rosen, umrahmt von Katzenminze und Frauenmantel, lassen Sie innehalten und tief einatmen.

Im Magenbereich können Sie viele Küchenkräuter entdecken, die neben ihrer guten Eigenschaft zur Verdauungsförderung als Gewürz oder Tee genutzt werden. Sie finden auch in anderen Körperbereichen bekannte und weniger bekannte hilfreiche, duftende Teekräuter.

HAUT

Die Haut als Organ umschließt den gesamten Menschen, darum hat das Hautpflanzenbeet seinen Platz zu Beginn des Körperbeets gefunden.

Üppig blühend präsentiert sich das Beet der Hautpflanzen im Sommer, wenn der Rote Scheinsonnenhut (*Echinacea*) seine großen Korbblüten öffnet, begleitet von Lavendel und Nachtkerzen. Die Kraft der *Echinacea* ist bekannt zur Abwehr bei Erkältungen, ebenso kann sie manchen bakteriellen Hauterkrankun-

Eine Honigbiene beim Pollensammeln in den Blüten der Königskerze.

gen vorbeugen. Lavendel wartet mit beruhigender Wirkung bei Sonnenbrand auf, das Öl in den Samen der Nachtkerze ist wiederum berühmt als Jungbrunnen für alternde Haut. Die mehrjährige römische Teppich-Kamille und die Ringelblume ergänzen die bunte Vielfalt. Eine Kombination von atemberaubender Schönheit und Pflanzenapotheke – und herrlich duftend dazu.

Inmitten des wilden Wundklees zu Beginn des Hautbereiches können Sie während der frostfreien Zeit eine *Aloe vera* entdecken. Im Aussehen beinah wie ein Kaktus, fühlt sie sich jedoch weich und nachgiebig an. Diese Pflanze gibt ihr wunderbar kühlendes Gel fast wie eine Tube ab, wenn das Blatt etwas geöffnet wird. Das können Besucher auch eindrucksvoll bei uns in der Kräuter Welt erleben. Die Konsistenz erinnert an Schneckenschleim. Kindern kann man auf diese Art und Weise die Pflanze gut nahebringen. Eine *Aloe vera* können Sie übrigens im Blumentopf auch mal mit auf die Reise nehmen, da sie sehr pflegeleicht und trockenheitsverträglich ist.

Als wirkungsvolle Pflanze für die Haut vor allem bei Verbrennungen und Verletzungen ist das Johanniskraut zu nennen. Durch die gute Wirkung gegen depressive Verstimmungen finden Sie die Pflanze ebenso im Bereich des Nervensystems. Das Echte Johanniskraut unterscheidet sich von weiteren ähnlichen Arten durch seinen zweikantigen, markhaltigen Stängel und das mit vielen durchscheinenden Punkten (den Öldrüsen) versehene Blatt. Das rote Johanniskrautöl, das aus blühenden Sprossspitzen gewonnen wird, ist ein verbreitetes Pflanzenheilmittel bei Sonnenbrand und anderen Verbrennungen. Diese uralte

Johanniskraut gegen den Teufel

Das Johanniskraut war früher ein Schutzkraut gegen alle bösen Mächte und den Teufel. Eine Sage lautet: Der Teufel verfolgte ein hübsches Mädchen, doch es konnte sich ins schützende Johanniskraut vor ihm retten. Der Teufel ärgerte sich dermaßen darüber, dass er die Blätter des Krautes mit Stichen durchlöcherte. Deshalb erscheinen die Blätter des Echten Johanniskrautes wie mit Nadeln durchstochen.

Echtes Johanniskraut, im Hintergrund Roter Scheinsonnenhut (*Echinacea*).

Heilpflanze mit ihren leuchtend gelben Blüten ist eng mit dem Johannistag (Sonnwende) verbunden.

Doch Achtung: Johanniskraut kann die Lichtempfindlichkeit der Haut erhöhen. Verwenden Sie das Johanniskrautöl bei Sonne nur vorsichtig oder am besten abends.

Die selten gewordene Wildpflanze Teufelsabbiss zeigt mit ihrem Namen, dass sie alte Geschichten ebenfalls mit dem Teufel verbinden – angeblich hat er ihre Wurzel aus Zorn über ihre Heilkraft abgebissen. Heutzutage dient die Pflanze weniger als Schutzkraut gegen den Teufel, sondern als homöopathisches Mittel gegen chronische Hautleiden.

Ganz anders in der Wirkung ist das Schöllkraut. Der orangefarbene Saft aus den frischen Trieben, täglich aufgetragen, kann Warzen zum Verschwinden bringen.

Auch der frische Saft aus den dicken Blättern der Hauswurz, direkt aufgetragen, kann auf diese Weise wirken, wobei die genügsame Steingartenpflanze bei Hühneraugen, Schrunden und rissigen Händen ebenso Anwendung findet. Früher sollte die Hauswurz sogar gegen Sommersprossen helfen!

Die Rosetten brauchen kaum Boden und Pflege und bilden leicht bewegliche kleine Matten. Heutzutage wird die Hauswurz, neben dem Mauerpfeffer und auch der Großen Fetthenne, immer noch gern zur Dachbegrünung eingesetzt.

Die im Garten beliebte Große Fetthenne, die mit ihren schönen Blütentellern im Herbst blüht, sollte als Heilpflanze bei Hautproblemen nur sehr vorsichtig oder als fertiges Produkt angewendet werden. Sie kann sonst

Hauswurz gegen Lustlosigkeit und Blitze
Hildegard von Bingen empfahl die *huswurz* als Speise mit Ziegenmilch und Eiern gegen die Unfruchtbarkeit des Mannes und gegen Lustlosigkeit von Mann und Frau. Eine große Bedeutung hatte sie im Volksglauben als Blitzabwehr. Schon Karl der Große (747–814 n. Chr.) wies die Menschen an, die auch Donnerwurz genannte Pflanze gegen Blitzschlag auf die Hausdächer zu setzen. Früher brachte es angeblich sehr großes Unglück, wenn man sie entfernte.

Die Große Fetthenne, eine dankbare Blütenstaude für den Herbst.

Blühender Beinwell.

Hautreizungen verursachen. Die stabile Pflanze stand im Ruf, ein „Lebensanzeiger“ zu sein. War jemand länger verreist, steckte man einen Zweig der Fetthenne unter das Dach des Hauses. Trieb der Zweig dann aus, zeigte dies angeblich an, dass der abwesende Bewohner dieses Hauses am Leben war. Wenn die Pflanze jedoch verwelkte, stand es sehr schlecht um ihn ...

GELENKE

Am Beginn des Gelenkbeetes macht sich unübersehbar der Meerrettich mit seinen großen Blättern breit. Durch seinen Ausbreitungsdrang bleibt er praktisch als Freund fürs Leben im Garten, weil ein Teil der Wurzel immer überlebt und austreibt. Vielen ist er fast nur noch bekannt im Gläschen, mit Sahne ...

Seine frisch geriebene Wurzel hat eine ordentliche Schärfe und „putzt“ die Atemwege bis in die Stirnhöhle durch. Meerrettich hat eine desinfizierende Wirkung: Als es noch keinen Kühlschrank gab, konnten die Menschen Keime im Fleisch abtöten, indem sie Meerrettich dazu verzehrten. Zudem fördern die Scharfstoffe die Verdauung. Ein Umschlag mit geriebener Meerrettichwurzel oder -blättern (mit Quark verdünnen, da reizend!) verspricht Linderung bei rheumatischen Schmerzen.

Beinwell ist Ihnen vermutlich als gutes Hilfsmittel bei Gelenkproblemen und Entzündungen bekannt. Viele Präparate enthalten Auszüge aus diesem stattlichen Raublattgewächs, das auch gegen Geschwüre oder Durchfall helfen kann. Im Herbst, wenn die Wirkstoffe in die Wurzel eingezogen sind, können Sie aus der ausgegrabenen frischen Wurzel leicht selbst einen Brei herstellen. Auf

Teufelsschreck
Nach alter Überlieferung vertreibt Weinraute den Teufel. Sie wurde den Toten auf die Brust gelegt, im Glauben, sie würde sich in Gold verwandeln. Zum Vertreiben von Schlangen und Ratten wurde sie ebenfalls verwendet. Angeblich konnten Räuber in Zeiten der Pest mit Hilfe eines Essigs aus Weinraute und einigen weiteren Kräutern die Häuser der Kranken plündern, ohne sich anzustecken.

Weinraute – lieber nicht berühren!

ein Tuch gestrichen, kann dieser Breiumschlag auf schmerzende Stellen gelegt werden.

Beinwell ist eine sehr alte Heilpflanze, deren Wirkung bei der Heilung von Knochenbrüchen und Verletzungen früh erkannt wurde. Von einer häufigen inneren Anwendung wird inzwischen aber eher abgeraten, da leberschädliche Stoffe (in sehr geringen Mengen) nachgewiesen wurden.

Auch Arnika ist berühmt für ihre heilenden Kräfte bei Sportverletzungen und Wunden sowie bei verschiedenen Hauterkrankungen. Als Salbe, Tinktur oder in anderer Zubereitung wird Arnika wieder gern verwendet. In geringer Konzentration der Wirkstoffe treten allergische Reaktionen, die die Anwendung eine Weile in Verruf gebracht hatten, kaum auf. Eine innere Einnahme sollte nur auf eines der wenigen zugelassenen Präparate beschränkt bleiben. Die gelben, sonnengleichen Strahlenblüten dieser eher seltenen Bergpflanze wurden früher als Zeichen der Sonne gedeutet und mit dem Johannistag verbunden. Eine Verwendung in Sonnwendritualen und als Schutzkraut bei Gewitter ging damit einher. Die Bauern pflanzten vor der Kornreife, zum Schutz vor schädigenden Erntedämonen, einige Arnikapflanzen um die Getreidefelder.

Im Garten kultivieren wir nur die Amerikanische Arnika. Diese weist in etwa die gleichen Inhaltsstoffe auf und besitzt auch die typische Blütenform, ist aber kleiner. Sie wuchert jedoch sehr stark. Auf der Alb könnten wir die Ansprüche der heimischen *Arnica montana,* z. B. auf sauren Boden, nur schwer erfüllen.

Häufige Wildkräuter wie der Löwenzahn, die Brennnessel und die Wegwarte enthalten Wirkstoffe, die bei Rheuma und Gicht vor allem zur Vorbeugung sehr hilfreich sein können.

Das ornamentale Sträuchlein Weinraute wird in homöopathischer Dosierung bei Rheuma und bei Prellungen empfohlen. Achtung, die Pflanze kann nach Berührung starke Hautreizungen verursachen!

Als auffällige „Fackel“ ist die Schwarze Königskerze eine willkommene Höhe im Beet. Aufgrund ihrer guten reizlindernden Eigenschaften bei rheumatischen Beschwerden wird sie in diesem Beet kultiviert. Aber auch bei anderen Beschwerden wirkt die Königskerze reizlindernd. Daher ist sie auch in weiteren Beeten gern „geduldet“. Ihre „Schwester“, die

Blütenstände der Schwarzen Königskerze.

noch imposantere Großblütige Königskerze, macht vor allem als Heilpflanze im Erkältungsbeet Eindruck. Sie zeigt eindrücklich, weshalb Königskerzen mit ihrer außergewöhnlichen Höhe und den leuchtend gelben Blüten auch Himmelsbrand genannt werden.

NIERE, BLASE

Auf unserem weiteren Weg durch den Körper stehen wir vor der Holzfigur des Hippokrates. „Eure Nahrungsmittel sollen eure Heilmittel und eure Heilmittel sollen eure Nahrungsmittel sein!“, verkündet er uns. Vor allem Hildegard von Bingen verbreitete diesen, für die damalige Zeit modernen, Grundsatz der Gesundheitsvorsorge.

Mit Schnitt-Knoblauch zu Füßen der Figur lassen wir uns dies nicht zweimal sagen. Die schnittlauchähnlichen, grünen Blätter des winterharten Zwiebelgewächses sind gut für die Nieren und schmecken fein nach Knoblauch, ebenso die weißen Blütensterne. Ein ausgedünsteter Knoblauchgeruch nach dem Verzehr bleibt aus. Ob allerdings auch die früher gepriesene Schutzwirkung gegen Vampire und weitere böse Mächte ausbleibt, für die der Knoblauch ja berühmt ist?

Ein essbarer Vertreter von Zwiebelgewächsen, wie Knoblauch, Etagenzwiebel und Winterheckenzwiebel, ist wegen der vielfältigen Inhaltsstoffe und dem hohen Vitamin- und Mineralstoffgehalt in beinah jedem Körperbereich gepflanzt (siehe auch den Abschnitt zu den Gewürzkräutern).

Der entwässernd wirkende Spargel fällt uns auf der Alb besonders auf. Bleich-Spargel wird auf steinigem Boden aber nicht kultiviert. Er benötigt lockeren Boden, denn die

Die roten Früchte des Spargels, noch tropfend vom Regen.

Spargelstangen werden gestochen, bevor sie aus der angehäufelten Erde „schauen". Vom hier gezeigten Grünspargel werden die oberirdisch wachsenden grünen Sprosse geerntet – das ermöglicht einen Anbau auf der Alb. Der Grünspargel hat einen kräftigen Geschmack und der Wirkstoffgehalt ist etwas höher als beim herkömmlichen Spargel. Nach dem Genuss von Spargel riecht der Urin übrigens nicht bei allen Spargelfreunden auffallend streng. Zugrunde liegt hier eine genetische Veranlagung, die aber keinen Unterschied in der positiven, gesundheitlichen Wirkung ausmacht.

Spargel gehört zu den ältesten Kulturpflanzen. Schon im alten Ägypten nannte ihn Nofretete eine Götterspeise, und auch die Römer wussten seine Heilkräfte zu schätzen. Spargel darf nur bis zum Johannistag (24. Juni) geerntet werden, damit er noch genügend Kraft für eine gute Ernte im nächsten Jahr sammeln kann. Durch diese Pause können sich die weiblichen Pflanzen im Herbst mit schönen roten Beeren schmücken, fast wie mit frühzeitigen Christbaumkugeln.

Rhabarber wirkt auf eine milde Art entwässernd und abführend. Eine Verzehrpause ab dem Johannistag ist hier aber deshalb ratsam, weil sich der Gehalt an Oxalsäure in älteren Stängeln erhöht (Gefahr von Nieren- und Gallensteinen!).

Petersilie und Liebstöckel finden Sie hier zur angenehmen Vorbeugung von Nieren- und Harnwegsproblemen. Hauhechel, Goldrute und Wilde Malve werden bei akuten Problemen verwendet.

Die ausdauernde Lampionblume, botanisch *Physalis*, schmückt sich im Herbst mit orangenen Lampions. Diese werden gern für Dekorationen verwendet. Die gesamte Pflanze, ohne die orangenen Kelche, kann nach besonderer

Die strahlend weiße Blütenkerze des Affodill.

Rezeptur als harntreibendes und entzündungshemmendes Mittel eingesetzt werden. Die Beeren in den Lampions sollten nur in sehr geringer Menge verzehrt werden! Dies ist ein Unterschied zur nah verwandten Frucht-Physalis (Andenbeere), die häufig zu Speisen gereicht wird. Pflanzen dieser Art sind bei uns üblicherweise im Gewächshaus zu begutachten und werden wie Tomaten als Jungpflanzen im Mai gepflanzt. Sie sind nicht winterhart.

GESCHLECHTLICHKEIT

Auf der anderen Seite des Weges liegt das geräumige Beet der Geschlechtlichkeit vor uns.

Pflanzenbeispiele für Frauen- und Männerthemen sind mit Steinen voneinander abgesetzt. Es gibt natürlich auch thematische Überschneidungen, wie beim Berg-Bohnenkraut, das volksheilkundlich für sexuelles Eheglück sorgen soll.

Als krampflösende Mittel bei Menstruationsbeschwerden sind z. B. der Frauenmantel, das Gänse-Fingerkraut und die Schafgarbe im Beet vorhanden sowie eine früher verwendete wunderschöne Gartenstaude, der Affodill. Heutzutage wird bei Hautproblemen manchmal auf diese Pflanze zurückgegriffen.

Der imposante Diptam wird u. a. wegen seiner starken phototoxischen Eigenschaften medizinisch kaum mehr verwendet. Berührungen der Pflanze mit der Haut können in Verbindung mit Sonnenlicht starke Verbrennungen hervorrufen. Seine pulverisierte Wurzel findet jedoch Anwendung in der sogenannten Hildegard-Medizin. Früher wurde die Pflanze zur Austreibung einer Nachgeburt angewendet, war jedoch schwierig in der Dosierung und nicht ohne Risiko für die Frauen. Die seltene heimische Wildstaude besitzt stark riechende ätherische Öle, die sie an warmen Tagen in die Umgebung abgibt. Der Duft erinnert an Zitrusfrüchte. Die kleinen Ölkügelchen geben

Eine Diptamblüte – Kunstwerk der Natur.

Dämpfe in die Luft ab, die sich bei warmen Temperaturen selbst entzünden können, ohne aber Schäden für die Pflanze zu verursachen. Daher auch der Name „Brennender Busch". Sie können auch mit dem Feuerzeug entzündet werden. Das haben wir bisher aber noch nicht ausprobiert.

Auf ganz andere Art auffällig ist das Bilsenkraut. Die Blüte zeigt eine ungewöhnliche dunkellila Schattierung. Man hat ein wenig das Gefühl, das diese Pflanze auf ihre Giftigkeit aufmerksam macht. Das Nachtschattengewächs findet heutzutage in der Homöopathie bei u. a. nervlichen Symptomen Anwendung. Das Bilsenkraut besitzt in geringen Mengen eine berauschende Wirkung, die früher auch als Aphrodisiakum bei rituellen Fruchtbarkeitsfeiern genutzt wurde und als ein Bestandteil der „Hexensalbe" unseren Vorfahren zur Erlangung von Visionen von großer Bedeutung war. Aber Achtung, nicht ausprobieren: Ein Verzehr von nur wenig Bilsenkraut könnte durchaus tödlich enden! Wenig bekannt ist der Zusammenhang dieser Pflanze mit unserem Pilsner Bier. Das „Pilsenkraut" wurde noch bis zum Reinheitsgebot als Bierzutat verwendet und trug sicherlich zu einem ordentlichen Rausch bei. Der Giftstoff-Gehalt in einer Pflanze lässt sich kaum abschätzen. Je nach Standort, Jahreszeit und klimatischen Verhältnissen schwankt er enorm, sogar die Tageszeit spielt eine bedeutende Rolle. Darum bitte keine Selbstversuche!

Ein ebenso wichtiges und in hohen Dosierungen giftiges (Gebärmutterkontraktionen verursachendes) Aphrodisiakum versteckt sich in diesem Beet. Es ist das teuerste Gewürz der Welt: der Safran. In Italien häufig als typisches Gewürz für leckere Pastagerichte verwendet, macht er in Deutschland vor allem den Kuchen

Safranblüte im Spätherbst.

„gel“ – er färbt gelb. Unsere Safranknollen sind zumeist aus der italienischen Stadt L'Aquila – ein Geschenk von einem Freund aus dieser Gegend, aus der angeblich der „beste“ Safran der Welt stammt. Verwendet werden nur die orangefarbenen Narbenschenkel (siehe Foto), die getrocknet als kostbare Fäden oder als Pulver angeboten werden ... bis man davon ein Kilo zusammen hat!

Durch den Ruf, ein hervorragendes Aphrodisiakum zu sein, war er immer schon begehrt und verführte zum Betrug. Auch heutzutage sollten Sie bei günstig angebotenem Safran misstrauisch sein – oft ist dieser mit Ringelblumenblüten oder gemahlener Kurkumawurzel gestreckt. Beide sind genauso fein und schön gelb färbend, aber um ein Vielfaches billiger. Im Oktober, bei gutem Wetter, entwickelt sich in einem Blattkranz die wunderschöne Blüte des Safrans. Im Frühjahr zeigt sich mehr vom grasartigen Laub dieses Herbstkrokusses, zum Sommer hin vertrocknet es, und die Knolle ruht versteckt im Boden. Vergeblich suchen Besucher dann die zum Schild gehörende Safranpflanze.

Als einer der allerersten Frühlingsblüher, inmitten des noch im Winterschlaf ruhenden Geländes, ist das Adonisröschen mit seinen leuchtend gelben großen Blüten zu nennen. Es ist hier und im nahegelegenen Herzbeet eine sehr auffällige Erscheinung. Aufgrund der starken giftigen Inhaltsstoffe wird es nur in der Homöopathie eingesetzt: bei Prostatabeschwerden, in Fertigpräparaten, jedoch vor allem bei Herzrhythmusstörungen und zur Herzunterstützung.

Zeitgleich mit der Blüte des Adonisröschens treibt die Küchenschelle aus. Als bekannter Frühlingsbote der Schwäbischen Alb ist es herrlich, dass die Pflanze trotz ihrer Giftigkeit in der Homöopathie bei Zyklusstörungen, rheumatischen Beschwerden und bei speziellen Magenproblemen sowie in der Bachblütentherapie angewendet werden kann. Daher darf sie hier im Frühjahr ihre schönen lila Glocken (= Kuhschelle, daher der Name) üppig zeigen, und auch im Frühsommer die filigranen Samenstände zur Schau stellen.

MAGEN, VERDAUUNG

Nun befinden Sie sich mitten im Körperbeet mit seinem Verdauungsbereich.

Distelgewächse mit ihren stark leberwirksamen Kräften spielen eine große Rolle im rechten Beet, welches eher Galle und Leber zugeordnet ist. Die Mariendistel mit ihren weiß gefleckten Blättern und den großen lila Blütenständen gehört zu den ältesten Heilpflanzen. Sie wurde früher bei stechendem Schmerz in den Gliedern oder dem Herzen angewandt. Heutzutage werden Präparate aus den Samen zur Vorbeugung und Therapie bei Leberproblemen verordnet. Die braunen Mariendistelfrüchte lassen sich als Teeaufguss zur Leberstärkung zubereiten.

Eine kulinarische Delikatesse ist das Distelgewächs Artischocke, das vielen bekannt ist für seine entgiftenden und leberfunktionssteigernden Eigenschaften.

Auffallen wird Ihnen die Eselsdistel mit ihrer imposanten Höhe von 2,50 bis 3 Metern.

Maria und die Mariendistel
Laut einer Legende tropfte Maria beim Stillen des Jesuskindes etwas Muttermilch auf das Blatt der Pflanze. Seit diesem Tag haben die Mariendisteln milchig-weiße Flecken auf ihren Blättern.

Die Mariendistel fällt durch ausdrucksvolle, weiß marmorierte Blätter auf.

Eselsdisteln: Das Blattinnere fühlt sich so weich an wie das Fell eines Esels.

Die Eselsdistel ist eine zweijährige Pflanze. Im ersten Jahr entwickelt sie eine flache Blattrosette, die noch wenig von der kommenden Größe erahnen lässt. Erst im zweiten Jahr treibt sie aus dieser Rosette zu ihrer stattlichen Höhe heran und wird dadurch zu einer unübersehbaren Erscheinung. Leider haben wir nur einen Turnus im Garten, d. h. alle Eselsdisteln blühen nur in einem Jahr, während sie im nächsten „pausieren". Bisher sind unsere Versuche, in jedem Jahr blühende Pflanzen zeigen zu können, leider fehlgeschlagen. Pflanzen aus Samen eines anderen Kräutergartens „warteten" und blühten gleichzeitig mit unseren. Ihre Samen enthalten wie fast alle Distelgewächse wertvolle Inhaltsstoffe, die in der anthroposophischen Medizin Verwendung finden.

Das gelb blühende, distelähnliche Benediktenkraut ist dagegen zierlich. Schon im Namen fällt auf, dass die Heilkraft früher schon gepriesen (lat. *benedicere*) wurde. Es ist durch seinen hohen Bitterstoffgehalt verdauungsfördernd.

Sicherlich kennen Sie den Enzianschnaps mit einem schönen, blau blühenden Enzian auf dem Etikett der Flasche. Tatsächlich stecken aber Auszüge aus der Wurzel des Gelben Enzians darin. Diese wertvolle und unter strengem Naturschutz stehende heimische Wildpflanze wächst auf einigen höher gelegenen Wiesen der Schwäbischen Alb und verbreiteter in Alpenregionen. Sie bildet erst ab einem Alter von etwa 10 Jahren ihren imposanten Blütenstängel aus und erreicht eine Wuchshöhe von etwa 1,50 Meter. Für viele Arzneipräparate werden die in der Wurzel enthaltenen, sehr starken Bitterstoffe genutzt.

Der rote Blutwurz-Magenbitter wird aus der Wurzel eines heimischen Fingerkrautes bereitet, dem einzigen Fingerkraut mit nur vier statt fünf gelben Blütenblättchen. Wegen der roten Farbe der Wurzel wurde die Pflanze Blutwurz genannt. Hier in diesem Beet und auch an den Naturstandorten in eher sauren Böden fällt die zierliche Pflanze wenig auf.

Ernährungswissenschaftler raten, mit der Nahrung mehr Bitterstoffe zu sich zu nehmen (Alkohol ist dabei jedoch eher schädlich). Diese regen Organe und Drüsen zu gesunder Tätigkeit an und erleichtern damit die Verdauung.

Hierbei helfen auch viele schmackhafte Tee- und Küchenkräuter, die sich im Magenbeet befinden, wie Oregano, Koriander und Strauchbasilikum, der von alters her vielgerühmte Salbei und viele weitere Pflanzen. Nähere Erläuterungen gibt es im Kapitel „Genießerpflanzen".

HERZ, KREISLAUF

Das Herz und der Kreislauf sind beim Menschen sehr empfindlich. Jede Therapie, auch eine pflanzliche, muss gut durchdacht sein und ärztlich verordnet werden – vor allem, wenn größere Probleme auftreten. Sie werden vermutlich den Roten Fingerhut kennen. Er ist als bekannter Vertreter der europäischen Giftpflanzen für seine herzwirksamen Inhaltsstoffe berühmt, sein Gattungsname *Digitalis* ist vielen Menschen mit Herz- und Kreislaufproblemen geläufig. Alle Teile der Pflanze enthalten ein Glykosid, das bereits in geringsten Mengen tödlich wirken kann. Doch in spezieller Dosierung ist gerade diese gefährliche Substanz von allergrößtem Wert für die Gesundheit.

Auch der im Beet befindliche Ginster ist giftig, in arzneilichen Präparaten kann er aber wohltuend auf den Blutdruck wirken. Ebenso wie das Adonisröschen und auch das Immergrün, das in vielen Gärten als Bodendecker hervorragende Dienste leistet.

Keineswegs schaden dürfte dagegen die Verwendung von Rosmarin zur Kreislaufanregung oder Lavendel zur Beruhigung. Nach einem anstrengenden Arbeitstag ist ein wohltuendes Bad in diesen Essenzen sehr zu empfehlen. Pimpinelle – hier wegen blutstillender Kräfte im Beet – ist durch ihr frühes Grün eine willkommene Salatbeigabe, Knoblauch wirkt bei zu hohem Blutdruck und kann Arterienverkalkung entgegenwirken. Herzgespann ist als Teepflanze mit blutdrucksenkender und stabilisierender Wirkung auch für die Wechseljahre begehrt – und bei Bienen und Hummeln durch die lange Blütezeit.

Besuchern fällt die Passionsblume durch die interessanten Blüten und die üppigen Ranken auf. Die Pflanze muss im (ungeheizten) Gewächshaus überwintert werden und wächst ab Mai dann im Beet rasant die Rankhilfe hinauf. Ab August werden die großen Blüten ausgebildet. Nur diese Art der Passionsblume enthält

Blütenstände des Roten Fingerhutes. Im Vordergrund die weißen Blüten der bitteren Schleifenblume, im Hintergrund Herzgespann.

Der Fingerhut der Juno

Die Ähnlichkeit der Blüte mit einem Fingerhut brachte der hübschen Pflanze ihren Namen und eine schöne Legende. Die römische Göttin Juno wollte aus Langeweile ein wenig nähen. So nahm sie Nadel und Faden – und einen Fingerhut. Dieser fiel ihr aus Unachtsamkeit auf die Erde. Um seine Gemahlin zu trösten, ließ Jupiter aus ihrem Fingerhut diese stattliche Waldpflanze wachsen. In manchen nordischen Ländern Europas werden Geschichten über Elfen erzählt, die Hüte aus den weichen Fingerhutblüten tragen.

ALB-GOLD-NUDELREZEPT

Wildkräuter-Pastasotto

Zutaten für 4 Personen:
50 g Zwiebeln
1 Knoblauchzehe
1 Bund Wildkräuter (Brennnessel, Giersch, Bärwurz, Taubnessel, Knoblauchsrauke, etwas Gundermann – je nachdem, welche bekannt und zur Hand sind)
3 EL Öl
250 g ALB-GOLD-Nudelreis
200 ml Weißwein
500 ml Gemüsebrühe
Salz, Pfeffer
80 g geriebener Parmesan

- Zwiebeln und Knoblauch schälen, fein würfeln. Wildkräuter waschen, trocken schütteln, ggf. Blättchen abzupfen und fein hacken.
- Öl im Topf erhitzen, Zwiebeln und Knoblauch darin bei mittlerer Temperatur glasig dünsten. Nudelreis zugeben und kurz mitbraten. Mit Wein ablöschen und 1 Minute köcheln lassen.
- 400 Milliliter warme Gemüsebrühe zugeben und Nudeln darin ca. 6 Minuten bissfest garen.
- Kurz vor Ende der Garzeit die Wildkräuter untermischen. Mit Salz und Pfeffer abschmecken, ggf. für gewünschte Konsistenz noch die übrige Gemüsebrühe hinzugeben. Zum Schluss mit Parmesan bestreuen.

Dazu passt ein gebratenes Lachsfilet im Kräutermantel – für alle, die es mögen.

spezielle Inhaltsstoffe, die beruhigend wirken und den Schlaf fördern. Andere Arten tragen die schmackhaften Maracujafrüchte, kommen in unseren Breiten jedoch kaum zur Reife.

Weißdorn darf an dieser Stelle nicht unerwähnt bleiben, besitzt er doch wichtige Inhaltsstoffe zur Herzmuskelstärkung und Blutdruckregulierung. Der heimische Strauch, der im Spätsommer rote Beeren trägt, findet sich neben vielen anderen Bäumen und Sträuchern im Gehölzrand des Gartens auf der Westseite.

WIDERSTANDSKRAFT, FRÜHJAHRSKUR

Das Beet für die Widerstandskraft vereint viele Pflanzen, die durch ihren hohen Gehalt an Vitaminen und Mineralien oder auch anderen Wirkstoffen dem Menschen helfen, Erkältungskrankheiten oder sonstige Angriffe auf das Immunsystem abzuwehren.

Vielleicht ist Ihnen der dornenbewehrte Sanddorn mit seinen leuchtend orangen Beeren bekannt, etwa aus dem Urlaub in einer Küstenregion? Auf der Alb ist der Baum ein seltener Gast. Seine sauren Früchte zeichnet ein sehr hoher Vitamin-C-Gehalt aus.

Hafer, z. B. im Müsli, kräftigt den Organismus. Leider hindern ihn Vögel und Mäuse gerne am Gedeihen – kann man es ihnen verdenken?

Thymian mit seinen intensiven ätherischen Ölen ist hier als Bodendecker sehr gern gesehen, ebenso ein Wildkraut namens Gundermann – ein gefürchtetes Rasen-„Unkraut". Daneben wachsen Löwenzahn, Sauerampfer und die hohe Brennnessel. Die genannten Wildkräuter sind durch einen hohen Vitamin- und Mineralgehalt äußerst gesund und lassen sich zudem sehr lecker zubereiten. Die Brennnessel gilt als blutreinigend und wird für eine Frühjahrskur häufig empfohlen. Äußerst schmackhaft sind die jungen Blätter in Salaten und Suppen. Manchmal werden wir nach einem natürlichen Potenzmittel gefragt: Die Samen der (weiblichen) Pflanze gelten als sehr kräftigend!

Im Beet ebenfalls nicht fehlen dürfen die beiden Arten des roten Sonnenhutes, *Echinacea pallida* und *Echinacea purpurea*, da sie zur Erhöhung der Widerstandskraft gegen alle Arten von bakteriellen Infektionen – vor allem der Atemwege – dienen. Außerdem steuern sie ihren Anteil zur Schönheit dieses Beetes bei – und erhöhen damit nicht nur die Anzahl der Schmetterlinge, sondern machen diesen Teil auch zu einem begehrten Fotomotiv für Besucher.

ERKÄLTUNG, BRONCHIALKATARRH

Ebenso zur Erhöhung der Flugdichte aller Arten von Insekten trägt im Beet des zweiten „Lungenflügels" während der Blütezeit der Flachblättrige Mannstreu bei. Durch in der Wurzel enthaltene Schleimstoffe können Auszüge der Pflanze reizlindernd bei Bronchitis wirken.

Bekannter hierfür ist jedoch der Echte Eibisch. Er wird häufig in Teemischungen bei Bronchialkatarrh verwendet. Schleimstoffe und weitere Inhaltsstoffe machen das hohe Malvengewächs Eibisch zu einem wertvollen Mittel bei allen Schleimhautproblemen. Der englische Name *marshmallow* für die Pflanze erklärt die Verbindung zur gleichnamigen Süßigkeit, die früher u. a. aus dem Wurzelstock der Pflanze hergestellt wurde. Kennen Sie Marshmallows? Diese weichen, süßen Stückchen werden in Amerika gern am Stock über dem Lagerfeuer geschmolzen und ergeben so eine nachziehende, klebrige Masse. Ein Stückchen geschälte Eibisch-Wurzel, in kaltem Wasser eingeweicht, ergibt einen ähnlichen optischen Eindruck.

Blaue Blütenköpfe des Mannstreus, beliebt bei Insekten und Fotografen.

Für Atemwege und Bronchien bieten alle Pflanzen dieses Beetes hilfreiche Stoffe, lindern Husten oder Schmerzen. Huflattich und Spitz-Wegerich, Wilde Malve und der Stinkende Storchschnabel sind häufig vorkommende Pflanzen, im Privatgarten aber meist unwillkommen. Sehr gelegen kommen dagegen die Inhaltsstoffe in verschiedenen Präparaten.

Himmlische Schlüsselblume

Durch die Ähnlichkeit der Blüten mit einem Schlüsselbund entstanden verschiedene Geschichten. Petrus ließ angeblich eines Tages aus Versehen seinen Schlüsselbund aus dem Himmel herabfallen. Ein Engel brachte ihn wieder hinauf, doch an der Stelle, auf die der Schlüsselbund gefallen war, wuchs ab diesem Zeitpunkt eine Schlüsselblume.
In manchen Märchen lassen sich mit diesem „Schlüssel“ geheime Orte und Verstecke öffnen.
Und in der Blumensprache ausgedrückt:
Wenn Sie Primelblüten überreicht bekommen, wünscht sich der Schenkende einen Schlüssel zu Ihrem Herzen.

Die Echte Schlüsselblume breitet sich zu unserer Freude auch in den verschiedenen Wildwiesen herrlich aus. Mit ihren orangenen Punkten in der gelben Blüte ist sie von der Hohen Schlüsselblume zu unterscheiden und steht als seltene Pflanze unter Naturschutz. Wirksame Teile sind der Wurzelstock (er darf nicht ausgegraben werden), Blätter und Blüten. Ihnen werden eine beruhigende und Auswurf fördernde Wirkung zugeschrieben. Aus ihren mit Zucker versetzten Blüten werden feine Schlüsselblumen-Bonbons zubereitet.

Als Besonderheit des Mittelmeerraumes befindet sich im Erkältungsbeet eine Pflanze, die in erster Linie durch eine Redewendung bekannt ist: das Süßholz.

Das Süßholz, das geraspelt wird, ist die verholzende Wurzel dieser helllila blühenden fiederblättrigen Pflanze. Sie wurde vielfach in den Bauerngärten angebaut und als Süßungsmittel verwendet. Außerdem wird aus ihr ein Grundstoff für die Herstellung von Lakritz gewonnen. In vielen Teemischungen ist die getrocknete Wurzel enthalten. Deren Inhaltsstoffe sollen eine gute Wirkung auf die Stimmbänder und die Atemwege besitzen, den Kreislauf anregen (Achtung bei hohem Blutdruck!) und verdauungsanregend sein. Bamberg war früher eines der Hauptanbaugebiete für Süßholz in Deutschland. Nach der fast völligen Aufgabe durch die Verlagerung der Produktion in Billiglohnländer wird der Anbau durch eine Süßholz-Gesellschaft und stadtgeschichtliche Interessen wieder gefördert. Lakritz selbst wird eher in den nördlichen Ländern geschätzt und dort in vielen salzigen und süßen Geschmacksrichtungen angeboten. Im Schwabenland wird es dagegen als „Bärendreck“ beschimpft.

Das Spanische Süßholz, hier mit seinen auffälligen Fruchtständen.

BERUHIGENDES

In diesem eher kleinen Beet finden sich Pflanzen, die mit einer beruhigenden Wirkung auf unser Nervensystem aufwarten können. Bestimmt kennen Sie Baldrian? Es gibt wohl kaum jemanden, dem nicht vor mancher Prüfung die Einnahme von Baldrianpräparaten empfohlen wurde. Ängste können sehr belasten, manchmal hilft auch schon das wunderbare Aroma des Lavendels, um die Sinne zu beruhigen. Auch Ysop und Estragon besitzen beruhigende Qualitäten, die bei der Bewältigung von Stress helfen.

Das Tausendgüldenkraut ist schwieriger zu entdecken, denn es sucht sich sein Wohlfühlplätzchen selbst. Wir haben inzwischen aufgegeben, das zweijährige Pflänzchen an einem bestimmten Platz im Beet präsentie-

Das zierliche Tausendgüldenkraut leuchtet am Wegesrand.

ren zu wollen, und stellen das Schild an den Wuchsort der Pflanze. Die zarte rosa Blüte zeigt die Zugehörigkeit zu den Enziangewächsen. Die Bitterstoffe, die aus der gesamten Pflanze gewonnen werden, sind wertvoll in Präparaten gegen Appetitmangel und nervösen Magen. „Tausend Gulden" waren sicherlich nicht wenig – hier wird die frühere Wertschätzung gut ausgedrückt.

Heutzutage wäre der Preis von Schlafmohn in Gulden sicherlich noch wesentlich höher. Der Anbau dieser inhaltsstarken Pflanze zur Herstellung von Opium verursacht weltweit große Probleme. Wegen eines möglichen Missbrauches als Rauschmittel darf Schlafmohn nur mit einer behördlichen Genehmigung angebaut werden (siehe auch Seite 117f.)!

Schlafmohn wird jedoch auch zu pharmazeutischen Zwecken angebaut. Das daraus gewonnene Morphin (Morphium) bedeutet für sehr viele Schwerkranke eine Erlösung von starken Schmerzen!

Kleinen Kindern wurde früher ein Brei aus unreifen Mohnsamen im Tuch-Schnuller zum Durchschlafen gegeben, auch aus den weniger inhaltsstarken Samen des kanadischen Goldmohns. Es war früher aber auch durchaus üblich, Most oder Wein auf Schnuller zu träufeln.

Samenstände und Blüten des Schlafmohns.

Mohn gegen Dämonen
Ausgestreute Mohnsamen wehrten lange Zeit Dämonen und Hexen ab. Denn angeblich kommen alle bösen Geister nicht an den schwarzen Samen vorbei, ohne sie zählen zu müssen! Wurde Mohn im Sarg ausgestreut, konnten die Toten unbehelligt zum Himmel gelangen.

ZENTRALES NERVENSYSTEM UND KOPF

Der Kopf und das zentrale Nervensystem sind sehr sensible Bereiche des Menschen. Wenige Pflanzen in diesem Themenbeet können Sie als Tee aufbrühen oder anderweitig zur Selbstmedikation verwenden, etliche sind nur in geringster Dosierung bekömmlich!

Der Blaue Eisenhut ist eine der giftigsten Pflanzen des europäischen Raumes. Aus dieser Pflanze werden jedoch Stoffe gewonnen, die in homöopathischer Dosierung, insbesondere bei Problemen des zentralen Nervensystems, eingesetzt werden. Diese wunderschöne Wild- und Gartenstaude wird im Abschnitt Bauerngarten (Seite 85) nochmals besprochen.

Beinah ebenso giftig ist eine weitere sehr bekannte Gartenpflanze: die Christrose. Vor allem vor Weihnachten hat sich die mitten im Winter oder im Vorfrühling blühende Wildpflanze einen Platz im Wohnzimmer, in Gärten und vielfach als Grabschmuck erobert. Homöopathische Präparate mit Wirkstoffen aus *Helleborus niger*, so der botanische Name der Christrose, werden manchmal bei Hirnhautentzündungen und verschiedenen Nerven- und Herzerkrankungen neben der schulmedizinischen Behandlung in Erwägung gezogen. Im mittleren Bereich des Beetes „versteckt" sich eine Alraune, die im Jahr 2016 endlich einmal

Die „Liebesäpfel" der Alraune.

Der tödliche Schrei der Alraune
Manche Geschichten erzählen, dass der Schrei der Alraune für den Menschen tödlich sein kann. So gibt es sogar eine berühmte Anweisung, dass ein schwarzer Hund, dem ein oberer Teil der Alraune an den Schwanz gebunden wird, um Mitternacht die Wurzel herausziehen sollte. Der dabei anwesende Mensch musste sich die Ohren fest zuhalten, um das schreckliche Geheul der Alraune zu überleben.

für Führungen sehr schön vorzeigbar war. Die Pflanze bildete ihre kugeligen Früchte aus, die auch im Sommer sichtbar blieben. Die breiten Blätter zeigten sich lange Zeit. Ursprünglich stammt die Alraune aus dem Mittelmeerraum und fremdelt ein wenig auf der Alb.

Zu medizinischen Zwecken werden heute Auszüge aus der Wurzel verwendet, z. B. bei Problemen des zentralen Nervensystems. Aufgrund der starken Giftigkeit findet eine Verwendung aber fast ausschließlich in der Homöopathie statt. Früher hatte die Alraune für den Menschen eine weit größere Bedeutung. Als schwer einzuschätzendes Narkotikum für Operationen wurden schon vor Christi Geburt Teile der Pflanze verwendet, sicherlich nicht unbedingt mit Erfolg für den bedauernswerten Patienten. Auch die Bezeichnung Liebesapfel deutet auf den Gehalt halluzinogener Stoffe hin, die vermutlich nicht nur Götter als Aphrodisiakum verwendet hatten.

Am wichtigsten wurde die Alraune im Mittelalter durch die angebliche Ähnlichkeit ihrer Wurzel mit der menschlichen Gestalt und die magische Kraft, die davon ausgehen sollte. Es hieß, sie verhelfe dem, der sie besaß, zu Reichtum und ewiger Jugend. Zudem sollte sie gegen Hexerei und auch vor Gericht schützen und sogar die Zukunft vorhersagen. Da die Pflanze aus dem Mittelmeerraum stammt, war die begehrte Wurzel nur schwer zu bekommen. Es gab häufig Fälschungen aus Zaunrüben oder Möhren. Zudem durften die Wurzeln der Alraune nur mit einem goldenem Werkzeug oder bei Vollmond aus dem Boden geholt werden.

Den kostbaren Wurzeln wurden häufig seidene Kleider angezogen. Sie wurden gewaschen und gepflegt, in schönen Kästchen sorgsam aufbewahrt und schließlich sogar vererbt.

Die harmlosen, geschmacklich hervorragenden Duftveilchen haben hingegen eine beruhigende Wirkung. Kaum bekannt ist die Verwendung der Veilchenwurz, einer weiß blühenden Iris, als natürlicher Lieferant des Veilchenduftes für die Parfümindustrie und in Kosmetika. Zur Beruhigung wurde Säuglingen die getrocknete Wurzel zum Daraufbeißen beim Zahnen gegeben.

Das Mutterkraut (*Tanacetum parthenium*) zeigt eine Wirkung bei Migräne. Ein frisches Blatt pro Tag soll Anfällen vorbeugen und wirkt krampflösend bei Kopfschmerzen und Husten.

Ebenso ist das Balsamkraut mit seinem starken Geruch nach Kampfer angeblich durch das bloße Einatmen seiner Aromen ein guter Muntermacher und wirkt als Teeaufguss krampflösend gegen Kopfweh. Früher hatten die Frauen häufig ein Blatt dieser Pflanze in ihren Gebetbüchern. Wenn der Pfarrer am Sonntag lange redete, konnten sie daran riechen, um wieder munter zu werden. Das erklärt auch die deutsche Bezeichnung „Gebetsbuchpflanze". Sicher lässt sich die Wirkung auch im Unterricht, bei langen Sitzungen oder Dienstbesprechungen testen.

Das zierliche Eisenkraut *Verbena officialis* hingegen wird heute kaum noch in der Pflanzenheilkunde verwendet. Doch früher war es für Kelten und Germanen, ebenso wie für die Römer, ein magisches Allheilmittel. Altäre und für religiöse Zwecke gebrauchtes Geschirr wurden damit gereinigt, Gesandte gekränzt und – Eisen wurde zu Stahl! Auch als Wunschkraut bezeichnet, waren die Kräfte dieses Krautes äußerst vielfältig und hochgerühmt.

KOPF, SINNESORGANE

Mit seiner fast das ganze Jahr über üppigen Blütenfülle und den herrlichen Düften nach Rosen, Lavendel, Salbei und vielem mehr übernimmt das Kopfbeet in besonders anschaulicher Weise seine Aufgabe, Pflanzen mit starker Wirkung auf die Sinne vorzuführen. Eine Heilkraft kann hier von wohltuenden Düften und Farben ausgehen – beruhigend und anregend zugleich. Zudem summt und brummt es gewaltig, vor allem an trockenen Tagen – durch unzählige Hummeln, Bienen und was sonst noch Flügel hat.

Das als Rondell gepflanzte Beet wird umrahmt von zwei verschiedenen Sorten der Katzenminze. Die dankbaren Dauerblüher mit dem silbrigen Blatt und der zarten lila Blüte eignen sich hervorragend als Randbegrenzung eines Beetes. Schmale Wege teilen das Rondell in sechs gleich große Segmente. Einen inneren Kreis mit einer Gärtnerfigur aus Holz in der Mitte können Sie auf einem schmalen Weg umrunden. Einen Teil des Rahmens übernimmt eine niedrige dunkle Lavendelsorte

Betörend für die Sinne: Duftrosen, Lavendel, Salbei und Thymian.

Rosenblüten verlocken zu Duftproben und Kostproben.

('Hidcote Blue'). Die Segment-Wege werden zum Teil vom Frauenmantel begleitet, der während der Blütezeit mit seinen riesigen gelben Blütenwolken manchmal zur Wegsperrung auswächst. Unterschiedlichste Sorten Salbei (Garten-, Gewürz- und Arznei-Salbei) komplettieren die Begleitung zur Blütezeit der Rosen, neben ein paar eingesprenkelten Rittersporen, Glockenblumen und Zierlauch.

Die Rosen in ausgewählten Sorten der Damaszener-, Portland- und Centifolia-Gruppe mit ihren gefüllten und halbgefüllten Blüten spielen hier die Hauptrolle und sind mit ihrem Duft außergewöhnlich. Das berühmte Rosenöl wurde früher aus den Vorfahren dieser Rosen gewonnen. Das Verfahren zur Rosenölgewinnung bleibt weiterhin sehr aufwändig, sodass natürliches Rosenöl aus Rosenblüten immer noch sehr kostbar ist und häufig durch synthetisch hergestelltes ersetzt wird.

Die Duftrosen, ebenso wie alle sonstigen duftenden Gartenrosen, lassen sich zu herrlichen Köstlichkeiten verarbeiten, wie Rosengelee und Rosenlikör (siehe Likör Seite 42), Rosenzucker, -essig und -salz und auch Torten mit Rosenblüten und Rosensahne. Je stärker eine Rose riecht, desto intensiver ist ihr Geschmack. Wichtig: Nur ungespritzte Rosen für die Verarbeitung verwenden! Diese sind selten, denn viele tierische Schädlinge und Pilze befallen vor allem empfindlichere Sorten.

Leider ist ein Großteil der alten Rosensorten nur einmal blühend, wunderschöne Ausnahme ist z. B. die berühmte dunkelrote 'Rose de Resht'. Darum sind daneben neuere Rosensorten, wie die robuste 'Bonica 82' und 'Aachener Dom' gesetzt, die remontieren, d. h. den Sommer über immer wieder neue Knospen ansetzen.

Schimmernde Tropfen auf einem Blatt des Frauenmantels.

Frauenmantel, Gold und Jungfräulichkeit
Früher haben die Alchimisten versucht, aus Frauenmantel Gold herzustellen – was bekanntermaßen nicht gelang. Eine Waschung mit Wasser von speziell in der Schmiede behandelten Wurzeln des Frauenmantels, sollte sogar die Jungfräulichkeit wiederherstellen!

Die herrlich nach Schokolade duftenden Blüten einer hohen Irissorte ('Chocolade') bringen noch eine zusätzliche Attraktion in das Rondell. Zur Blütezeit dieser Sorte halten wir die Besucher zum ausgiebigen „Schnuppern" an.

Im Frühjahr sind Tulpen, Zwerg-Iris in verschiedenen Farben und die kleinen gelben Kugeln eines Zierlauchs Vorboten auf die sommerliche Pracht. Die kleinen, silbrigen Blättchen der Katzenminze, neben den großen des Gewürz-Salbeis, bilden eine hübsche Struktur, während die samtigen Blätter des Frauenmantels (*Alchemilla*) vor allem mit ihren Tropfen faszinieren.

Wenn Sie sich jeden Morgen in der Frühe mit diesen Tropfen das Gesicht benetzen, bekommen Sie angeblich keine Falten mehr! Wie schade, dass ich das noch nicht früher wusste!

Die Tropfen enthalten tatsächlich Pflanzensaft und Wirkstoffe des Frauenmantels, die wohltuend auf die Haut wirken.

PFLANZENHEILKUNDE FÜR KINDER

Die Verwendung von Kräutertees und anderen pflanzlichen Zubereitungen können bei Kindern die erste Wahl für eine Therapie bei leichteren Krankheiten sein.

Als Hinweis darauf haben wir ein altes Gitterbett, einen Laufstall und ein Puppenwägelchen am Randbereich des Körperbeetes aufgestellt und bepflanzt. Ringelblumen, Dost und Zwiebeln setzen sich im Bettbezug auffällig in Szene, und die Aloe vera fährt im Fahrradkorb spazieren. Wilde Stiefmütterchen, Kamille und Gänseblümchen als milde und hilfreiche Heilpflanzen haben wir im Laufstall angesiedelt. Ein Schuh mit Hauswurz unterstreicht die Wirkung dieser dankbaren Pflanze bei Hautproblemen.

Spitz-Wegerich hat eine hervorragende, desinfizierende Wirkung bei allen Insektenstichen und wächst fast überall. Das ist immer gut zu wissen, wenn z. B. ein Kind von einer Wespe gestochen wurde. Ein sauberes, zerquetschtes Blatt auf dem Stich kann schon viel bewirken.

Eine aufgestellte Übersichtstafel erklärt die verschiedenen Pflanzen und ihren Wirkungsbereich.

Der Barfußpfad in der Nähe lässt verschiedene Naturmaterialien auf besondere Art und Weise erleben und wird insbesondere von Kindern gern begangen. Eine passende Kombination, um Besucher und vor allem Kinder mit allen Sinnen zu faszinieren.

HILDEGARD VON BINGEN

Den Heilkräuterbereich 6, neben dem Rosenrondell gelegen, haben wir zu Ehren der berühmten Äbtissin des 12. Jahrhunderts „Hildegard von Bingen" genannt, die sicherlich einigen von Ihnen bekannt sein dürfte. Hier wachsen Heilpflanzen, die bereits zur damaligen Zeit verwendet wurden. Hildegard von Bingen berichtete hierüber in ihren berühmten Schriften und trug damit zu einem erheblichen Teil dazu bei, dass das umfangreiche Wissen über die Naturheilkunde früherer Zeit nicht verloren ging.

Sie war eine höchst ungewöhnliche Frau, Komponistin und Universalgelehrte, als Benediktinerin auch in der Medizin. Angetrieben durch ihren starken Glauben und ihre religiösen Visionen gründete sie das Kloster Rupertsberg. Mit bischöflicher Erlaubnis diktierte sie umfassende Schriften über ihre Weltanschauung und die Natur. Überlieferte Briefkontakte zu Kaiser Barbarossa und den damaligen Päpsten bezeugen ihr Selbstbewusstsein und ihren Einfluss.

Im Bereich der damaligen Medizin verfasste Hildegard von Bingen umfangreiche Schriften über die heilkundliche Verwendung von Kräutern, Getreide und Steinen etc. Hier brachte sie die griechische und lateinische Medizin mit der Volksmedizin zusammen und verwendete auch die volkstümlichen Bezeichnungen

Ein Blick in das große Reich der Hildegard von Bingen.

Echter Alant, mit seinen leuchtend gelben Blüten.

für die Pflanzen. Sie veröffentlichte darin ihr Verständnis von einer gesunden, gottestreuen Lebensführung und ihre Erklärung der Vier-Säfte-Lehre zur Gesunderhaltung des Menschen.

Die Pflanzen dieses Beetes sind als Beispiel für alte, schon zu Zeiten Hildegards von Bingen und noch wesentlich früher verwendete Heilkräuter zu verstehen. Viele davon wurden auch im damals magischen Weltgefühl zur Abwehr von Krankheiten oder auch bösem Zauber verwendet, andere wiederum zur Gesunderhaltung des Menschen, wie das für Hildegard von Bingen gesündeste Getreide, der Dinkel.

Sehr erstaunt es auch, dass sie bereits Ingwer, Pfeffer, Zimt oder Galgant als wichtige Heilmittel empfiehlt. Es bestanden also offensichtlich bereits rege Handelsbeziehungen in das „Morgenland".

In „ihrem" Beet fällt der große Alant im Sommer zu seiner Blütezeit mit seiner imposanten Gestalt sofort auf. Seine gelben Strahlenblüten erinnern Sie vielleicht auch an die Sonne – diese wurde im Mittelalter häufig mit ähnlichen, langen Strahlen gemalt.

Diese prachtvolle Staude befand sich vielfach in den Klostergärten und wurde später auch in die Bauerngärten übernommen. Vor allem der Wurzel wurde eine starke Wirkung bei Lungenkrankheiten und Husten zugesprochen. Hildegard von Bingen empfahl, Pflanzenteile in Wein oder Honig eingelegt einzunehmen, gemischt mit weiteren Zutaten wie Galgant und Feige. Heutzutage wird der Alant als Arzneipflanze kaum mehr empfohlen. Er ist auch zu groß für kleine Gärten. Als Räucherpflanze mit der „Kraft der Sonne" gegen Stress lässt sich eine Verwendung durchaus nachvollziehen. Als die Mutter aller Heilpflanzen – und ei-

Echter Ziest – er wird sehr gern von Bienen und Hummeln besucht.

nes der am frühesten verwendeten Heilkräuter überhaupt – möchten wir Ihnen den häufig am Wegrand wachsenden Beifuß hier vorstellen.

Anerkannt ist die gute Wirkung des Beifußes (wie auch Hildegard von Bingen empfiehlt) zur Magenberuhigung und zur Fettverdauung (sehr wichtig zu Gänsebraten). Außerdem kann er durch seine durchblutungsfördernden Wirkstoffe als Fußbad oder als Öl-Auszug, auf die Waden gelegt, bei müden Beinen und wunden Füßen helfen.

Der eng verwandte Wermut ist etwa ebenso lange als wunderwirkendes Heil- und Zauberkraut in Gebrauch. Heutzutage ist er wegen seines hohen Bitterstoffgehaltes in vielen Magenbittern enthalten. Vermutlich ist Ihnen der Name Absinth für ein Wermut enthaltendes Alkoholgetränk geläufig, das durch schwere Vergiftungen zweifelhafte Berühmtheit erlangte. Inzwischen können solche Vergiftungen durch verbesserte Verfahren ausgeschlossen werden. Doch sollte Wermut, auch als Tee, vorsichtig dosiert werden, und Schwangeren wird von einer Verwendung generell abgeraten.

Appetitanregend und verdauungsfördernd ist die Schafgarbe durch die enthaltenen Bitterstoffe, als Teepflanze wird sie seit alters her auch bei jeglicher Art von Krämpfen verwendet

Beifuß gegen Unheil und Krankheit

Schon vor Hildegards Zeiten hatte der Beifuß eine magische Bedeutung gegen alles Unheil, später auch gegen Teufel und Hexen. Als Sonnwendgürtel geflochten und hernach im Feuer verbrannt, brachte Beifuß ein Jahr lang Gesundheit. Wie der Name Beifuß andeutet, wurde das Kraut in die Schuhe gelegt – und den römischen Soldaten in die Sandalen –, um vor wunden Füßen und Müdigkeit zu schützen.

und sogar als „Allheilerin" gepriesen. Hildegard von Bingen empfiehlt die häufig auf Wiesen wachsende Pflanze besonders zur Wundheilung. Heiratswillige Mädchen können sich Schafgarbe auf die Augen legen und darauf hoffen, im Schlaf ihren zukünftigen Liebsten zu sehen – vielleicht möchten Sie's versuchen?

Der weitverbreitete Wilde Majoran (Oregano, Dost) und der Echte Thymian (Quendel) wurden früher für heilende Zwecke und insbesondere als Schutzkraut gegen alles Üble geschätzt. Hildegard von Bingen jedoch empfiehlt Dost nur in wenigen Ausnahmefällen – dieser würde sonst den Menschen „in Unordnung" bringen.

Ziest, Andorn und Gundermann hatten eine wichtige Bedeutung als magische Hilfsmittel, wie auch in der damaligen Pflanzenheilkunde. Für Hildegard von Bingen konnte Ziest (Betonie) zudem „den Verstand reinigen" und „von der Tollheit" eines Liebeszaubers erlösen.

Und bei Walahfrid Strabo heißt es: „Wenn einmal feindselige Stiefmütter [...] schädlichen Eisenhut in trügerische Speisen geben, so unterdrückt ein sogleich genommener Trank des heilsamen Andorns die drohende Lebensgefahr."

Die Gewöhnliche Pfingstrose, deren Wurzel früher häufig bei Durchfall, Gicht oder epileptischen Anfällen angewandt wurde, können Sie hier ebenso finden. Im Mittelalter war die Pfingstrose auch als Gichtwurz bekannt und sollte sogar, als Amulett getragen, gegen Gicht und Rheuma helfen. Hildegard von Bingen empfiehlt sie in speziellen Rezepturen gegen Fieber. Blüten und Samen der Pfingstrose enthalten Giftstoffe und sollten nicht verwendet werden (natürlich auch nicht in der Blütenküche oder als Salatdekoration!).

Auch die zarte Akelei hilft laut Hildegard von Bingen gegen Fieber und bestimmte Hautprobleme in speziellen Rezepturen – die Pflanze dürfen Sie allerdings nur in homöopathischer Dosierung anwenden. Akelei-Blüten

Die Gewöhnliche Pfingstrose, mit ihrer ungefüllten Blüte eher selten in Gärten gepflanzt.

eignen sich nicht zur Dekoration auf Gerichten!

Aus Zitronen-Melisse dürfen Sie dagegen sorglos einen Tee bereiten. Diese Pflanze macht laut Hildegard von Bingen ein frohes Herz. Sie war in den meisten Klostergärten vorhanden und ist auch heutzutage noch in vielen Heilpflanzengärten und Bauerngärten zu finden.

Die Arznei-Engelwurz gelangte erst eine Weile später aus ihrem Verbreitungsgebiet im hohen Norden in die Klostergärten. Das große Doldengewächs ist hier nur wenig bekannt. In nordischen Ländern wird es als Gemüsepflanze geschätzt, und kandierte Engelwurz-Stängel sind eine leckere Spezialität. Die aromatische Pflanze wurde früher auch Brustwurz genannt und bei Problemen der Bronchien verwendet. Starke Bitterstoffe, vor allem in der Wurzel, lassen sie zu einem bevorzugten Magenmittel werden. Allgemein stärkt sie die Abwehr und wirkt entkrampfend. Obwohl die Pflanze nur schwach giftig ist, kann der Pflanzensaft bei empfindlichen Menschen phototoxische Reaktionen hervorrufen. Daher rate ich zur vorsichtigen Verwendung!

KRÄUTER WELT-REZEPT

Alb-Chartreuse

Die Karthäusermönche bereiteten in einem Kloster in Frankreich aus der Engelwurz und vielen weiteren hilfreichen Wildkräutern einen Likör, den sie Chartreuse nannten. Einen Alb-Chartreuse können Sie nach diesem Rezept herstellen:

Zutaten:
je ca. 50 g Pfefferminze, Zitronen-Melisse und Engelwurzwurzel
je ca. 5 g Wermut, Ysop und blühender Quendel
5 Arnikablüten (oder 5 ml Arnika-Tinktur)
Zimt
Muskatblüte

- Die Kräuter waschen und gut abtrocknen lassen, klein schneiden und alles miteinander in eine weithalsige 1-Liter-Flasche mit Schraubdeckel geben.
- Mit hochprozentigem Alkohol (mindestens über 40%, gern 50% oder mehr: s. u.) auffüllen und in die Sonne stellen. Achtung! Ab und zu den Deckel öffnen – die Mischung „arbeitet" – und möglichst täglich leicht schütteln.
- Nach 3 bis 4 Wochen abseihen, mit dem Zuckersirup (s. u.) mischen und in kleine Fläschchen abfüllen. Bis zum Gebrauch noch einige Wochen ruhen lassen.

Zuckersirup

Zutaten:
1 l Wasser
800 g Zucker
Zitrone
250 ml 95%iger Alkohol

- Wasser, Zucker und etwas Zitrone eine Viertelstunde leicht sprudelnd unter ständigem Rühren kochen lassen, evtl. entstehenden Schaum abschöpfen.
- Abkühlen lassen, mit dem Alkohol mischen.

Alkohol: Gern verwende ich für alle Likörrezepte 95%igen Alkohol, den ich nach dem Ansatzverfahren mit Wasser verdünne, um den Likör nicht zu hochprozentig anzubieten. Dieser Alkohol ist in Deutschland recht teuer, dafür aber geschmacksneutral und deshalb beispielsweise für einen rein nach Rose schmeckenden Likör meine erste Wahl.

Variante:
Rosenlikör
Rosenlikör wird ebenso angesetzt wie der Alb-Chartreuse. Mindestens zwei große Handvoll ungespritzte Rosenblüten mit möglichst starkem Duft von der Rosenpflanze frisch ernten, sobald diese abgetrocknet sind. Sofort in eine 1-Liter-Flasche mit Schraubdeckel füllen, ein Viertel einer ungespritzten Zitrone mit Schale zerschneiden, hinzufügen und mit hochprozentigem Alkohol auffüllen. Wenn nur wenige Rosenblüten geerntet werden können, sollten die Größe der Flasche und die anderen Mengen entsprechend angepasst werden. Verfahren Sie hierbei wie beim Chartreuse.

GENIESSER-PFLANZEN UND TEEKRÄUTER

Genießerpflanzen werden in der Kräuter Welt besonders hervorgehoben. Sie bereichern Gerichte durch feine Aromen und appetitanregende Farben, oder sie ergeben schmackhafte Kräutertees für heiße Sommertage oder kalte Winterabende.
Wir zeigen Pflanzen, die köstliche Zutaten für Desserts sind oder als Salatbeigaben oder Dekoration farblich und kulinarisch das gewisse i-Tüpfelchen auf Ihre Gerichte zaubern. Das Auge isst ja bekanntlich mit! Die Vielfalt an essbaren Blüten im Kräutergarten sorgt bei den Besuchern immer wieder für großes Erstaunen und Begeisterung. Auch unscheinbare Wildkräuter zählen zu den Genießerpflanzen – einige davon sind aus der heutigen Küche nicht mehr wegzudenken, wie z. B. der Bärlauch. Neben ihrem großen Wert für die Gesundheit sind sie erstaunlich vielseitig im Geschmack. Verlockend duftende Kräuter für ein Bad oder die Aromatherapie gehören dazu, und auch Räucherkräuter sind dabei.
Die in diesem Kapitel beschriebenen Genießerpflanzen finden Sie im Beet 8 (Genießerpflanzen), im Beet 13 (Tee- und Gewürzkräuter), in einem kleinen zusätzlichen Stück am Werkhof sowie in der „Pfefferminztorte" und den beiden Kräuterspiralen.

DAS GENIESSERPFLANZENBEET

Das Genießerpflanzenbeet, vom Hauptweg aus betreten, beginnt mit einem großflächigen Wuchs von Echtem Thymian. Im Sommer, wenn es schön warm ist, breitet sich der intensive Duft dieses Halbsträuchleins weithin aus, insbesondere wenn es „gestreichelt" wird. Eine Hängeschaukel mitten in dieser Thymianwiese wäre ein Traum für gestresste Seelen.

Eine Wespenspinne hat sich diesen Traum bereits erfüllt, mitsamt der Wiege für ihre Kinderstube – beneidenswert!

In der Küche wird meist dieser aus dem Mittelmeerraum stammende Thymian verwendet. Bei vielen typischen italienischen Gerichten darf er nicht fehlen. Aber auch bei Erkältungen kann er Wunder wirken. Als Badezusatz ist er hierfür berühmt.

Schon im weiteren Verlauf wird aus diesem Beet eine regelrechte „Wundertüte". Hier wachsen Zitronen-Verbene und Basilikum in frostfreien Zeiten neben den einjährigen Gartenmelden. Nelken und Dahlien werden begleitet von der Rapunzel-Glockenblume und dem selten gewordenen Guten Heinrich. Die wärmeliebenden Arten Jiaogulan aus Asien und Artischocken vom Mittelmeer zeigen bei uns auf der Alb erstaunliche Winterhärte. Hoffentlich noch lange!

Nun folgt eine Sammlung eher ungewöhnlicher Pflanzen zum Thema Genuss, die wir in diesem Buch einteilen in: Interessante Besonderheiten, Vergessene „Unkräuter" und Erstaunliche Blütenküche.

INTERESSANTE BESONDERHEITEN

Ab Frühsommer fallen Besuchern die (frostempfindlichen) verschiedenen Arten von Frucht-Salbei auf, allen voran der Honigmelonen-Salbei mit seinen feuerroten, leuchtenden Blüten.

Die roten Blüten, die den ganzen Sommer hindurch blühen, sind schon allein durch die

Blühender Thymian – wertvolles Gewürz und zierende Heilpflanze.

kräftige Farbe eine tolle Zugabe zu Süßspeisen, Salaten und Tees. Auch die Blätter besitzen ein feines Fruchtaroma. Noch fruchtiger im Aroma ist allerdings der Ananas-Salbei, der leider seine schönen, kräftig roten Blüten erst ganz am Ende des Sommers zeigt. Falls Sie mit einem eigenen Exemplar liebäugeln: Wirklich interessant ist er für diejenigen, die einen Wintergarten ihr Eigen nennen. Auffällige und aromatische Blätter zeigen auch der „Golden Delicious"-Salbei (der tatsächlich gelbgrüne Blätter besitzt und nach Apfel duftet) und der wärmebedürftige Frucht-Salbei mit seinen großen weichen Blättern. Diese Pflanze gehört bei unseren Besuchern der KräuterWelt zu den beliebtesten „Streichelpflanzen".

Alle diese Salbeiarten müssen frostfrei überwintert werden, sie sind hierzulande nicht winterhart. Wir ergänzen immer wieder unser Sortiment durch weitere verschiedene Frucht-Salbeisorten, wie z. B. den 'Hot Lips'-Salbei – „rote Lippen soll man küssen" – oder den fast schwarz blühenden Peruanischen Salbei, um die große Fülle der Salbeisorten zeigen zu können.

Nicht fruchtig, sondern pfeffrig im Geschmack ist der hohe, zarte Pfeffer-Salbei mit seinen himmelblauen Blüten. Der Name „Hummelschaukel" erklärt sich sofort: Er wird stark von emsigen Hummeln besucht. Der schlanke zarte Stängel wird bei der „Landung" eines dieser für ihn schweren Tiere sofort ins Schaukeln gebracht. Der Pfeffer-Salbei hat große Chancen, sogar auf der Alb zu überwintern – vorausgesetzt, er wird gut abgedeckt. In wärmeren Lagen treibt er problemlos im Frühjahr wieder aus. Auch ein weiterer Salbei kommt meist gut über den Winter. Er sieht aus wie ein normaler Gewürz-Salbei, ist aber etwas kleinblättriger: der Marzipan-Salbei. Der intensive Geruch nach Marzipan nach einem geringfügigen Reiben der Blätter ist verblüffend.

Auffällig ist der zweijährige Muskateller-Salbei durch seine hohen verzweigten Blütenstände in Rosa, Lila und Weiß und dem bei Wärme ausströmenden starken Duft. Bei durchlässigem Boden sät er sich gut immer wieder aus – die Sämlinge „wandern" dabei natürlich etwas im Garten, können aber gut umgesetzt werden, wenn es notwendig ist.

Honigmelonen-Salbei mit seinen leuchtend roten Blüten.

Blaue Blütenschaukel: der Pfeffer-Salbei.

Blühender Muskateller-Salbei ist eine prächtige Erscheinung im Garten.

Zitronen-Verbene ist ein schnellwüchsiges Sträuchlein mit starkem Aroma.

Die winterharten Gewürz-Salbeisorten finden Sie überall im Garten, sie sollen später Thema sein.

Nach den Eisheiligen (Mitte Mai) – eine wichtige Grenze hier auf der Alb – setzen wir viele unserer überwinterten Zitronen-Verbenen ins Beet. Vom Aussehen her sind die Pflanzen mit ihren länglichen, rauen Blättern eher unscheinbar. Beim Darüberstreichen zeigen die Sträuchlein aber, was in ihnen steckt: ein höchst intensiver Zitronenduft. Dieses Aroma kann vor allem in sommerlichen Tees, Süßspeisen und anderen Leckereien verwendet werden. Ein kleiner Zweig reicht für eine ganze Kanne erfrischenden, gern auch eisgekühlten Tee, je nach Belieben mit einem Schnitz Zitrone als Beigabe.

Sirup aus Zitronen-Verbenen schmeckt köstlich mit Mineralwasser oder zu Eis.

Zitronenverbenen-Sirup

Zutaten:
1 l Wasser
1 kg Zucker
1 Bio-Zitrone
ca. 50 g frische Zitronen-Verbenen-Blätter

Aus dem Wasser und dem Zucker mit einem Schnitz Bio-Zitrone einen Zuckersirup bereiten, d. h. miteinander aufkochen (siehe Likörrezept S. 42). Den Sirup noch kochend über die Zitronen-Verbenen-Blätter und den Rest der in Scheiben geschnittenen Bio-Zitrone geben. Diese Mischung kühl stellen, nach 7 Tagen nochmals aufkochen und abseihen, direkt heiß in Flaschen füllen und zum Aufbewahren sofort verschließen.

Auch in vielen Pflegeprodukten für die Haut oder in Badezusätzen steckt das herrlich frische Aroma dieser Verbene; hier wird es allerdings oft irreführend als Eisenkraut bezeichnet.

Das Strauchbasilikum 'African Blue' ist ein weiterer auffälliger Sommerbewohner in der Nähe. Als eines der wenigen Basilikumarten wächst es auf der rauen Alb zu einem regelrechten Strauch heran, unbeeindruckt vom stetigen Wind und den manchmal sogar im Sommer recht frischen Temperaturen. Es ist ein echter Hingucker mit seinen rötlichen Blättchen und den vielen rosa Blüten, die auch als hübsche und leckere Beigabe verwendet werden können. Die Samen sind pfeffrig, die Blätter etwas rau und sehr aromatisch. Deshalb sind sie für Saucen ideal, zu Tomate mit Mozzarella jedoch eher gewöhnungsbedürftig. Ein weiterer Vorteil dieser Basilikum-Sorte: Die Schnecken fressen sie nicht! Für die anderen Sorten kriechen unsere gefräßigen Mit-Esser dagegen meilenweit! Recht stabil zeigt sich draußen noch die Basilikumsorte 'Gorbatschow'. Die grünen Blätter haben einen feinen Geschmack und sind zart genug für Salate und diverse andere Verwendungen.

Das wenig bekannte Tee-Basilikum Tulsi, „Heiliges Basilikum" genannt, schmeckt ganz anders und ist vor allem in der asiatischen Medizin ein berühmtes Heilkraut. In Indien wächst Tulsi (unter anderem) an vielen Tempeln und heiligen Stätten. Auf der Alb bildet es während der Saison ab Mitte Mai draußen ansehnliche kleine Sträucher, bis die Kälteperiode einen plötzlichen Wachstumsstopp bewirkt. Winterhart ist kein Basilikum.

Im Wintergarten können die Strauchbasilikumsorten mehrjährig gezogen werden, auf dem Fensterbrett in der warmen Wohnung ist dies schwierig.

Die anderen Basilikumsorten, die wir im Kräutergarten anbauen, befinden sich im geschützten Gewächshaus. Das übliche, großblättrige Basilikum 'Grüner Genoveser', das kleinblättrige Griechische Buschbasilikum und das rotblättrige 'Genoveser' finden Sie dort, neben Thai- und Zitronen-Basilikum.

Der Ostasiatische Riesenysop, auch Koreaminze genannt, gesellt sich selbst gern im

Das rote Afrikanische Strauchbasilikum: hübsch und aromatisch.

Genießerpflanzenbeet dazu, von uns ergänzt mit weiteren interessanten Würz- und Teekräutern. Wir freuen uns über Interesse an Neuheiten und versuchen, weitgehend alles zu beschildern.

Zur Gruppe der Besonderheiten zählen einige asiatische Heilpflanzen, allen voran Jiaogulan, die Pflanze des ewigen Lebens. Wer ein Blatt pro Tag zu sich nimmt, dem soll sie ewiges Leben bringen, so heißt es – aber ob man das überhaupt will? Zumindest ist nachgewiesen, dass diese Pflanze viele gesunde Inhaltsstoffe enthält und in der Wirkung ähnlich dem Ginseng ist. Sehr interessant ist eine Geschmacksprobe. Beim Kauen von nur einem Blatt werden nach und nach alle Geschmackszonen im Mund von bitter über scharf bis zu süß durchlaufen.

Als weitere Beispiele wachsen hier u. a. Gotu Kola, das indische Gedächtniskraut, und Murdannia zur Immunstabilisierung.

Ein Garten ist immer in Wandlung. Wenn für diesen Bereich das Interesse steigt, reagieren wir sehr gern!

VERGESSENE „UNKRÄUTER“

Wildkräuter zum Genießen sind eine weitere große Gruppe in diesem Beet, sogenannte „Unkräuter“, deren besonderer Geschmack und enormer gesundheitlicher Wert nicht vergessen werden sollten. Die Rote und die Gelbe Gartenmelde fallen den Besuchern schnell auf. Es handelt sich hierbei um Zuchtauslesen des ebenso verwendbaren Ackerunkrautes Gartenmelde.

Neben dem Guten Heinrich und dem Baumspinat sind sie alle sehr vitamin- und mineralstoffreiche Spinatpflanzen. Sie sind geschmacklich kräftiger als der bekannte Spinat und haben eine leicht bittere Note, deshalb ist es gut, sie zunächst einmal als Beigabe auszuprobieren. Bitterstoffe sind in modernen Salaten und Gemüsesorten oft herausgezüchtet und fehlen für eine bessere Verdauung und zur Anregung aller hierbei beteiligten Organe und Drüsen. Das Geschmacksempfinden würde sich aber durchaus auf die leichte Bitternote einstellen und diese mit der Zeit sogar als positiv empfinden.

Guter Heinrich, eine fast vergessene Spinatpflanze.

In Frankreich gehört wesentlich mehr Bitteres auf die Speisekarte, etwa die nun schon seit vielen Jahren hier überwinternde Artischocke, die zu den Köstlichkeiten der französischen Küche gehört. Die Knospen der

Artischocke, vor der Blüte in etwas Salzwasser gegart und mit einem Dip serviert, sind eine Delikatesse!

Doch zurück zu den Unkräutern mit den Bitterstoffen, wie z. B. zur herrlich himmelblau blühenden Wegwarte. Aus ihrer Wurzel wurden früher ein Kaffeegetränk und auch ein delikates Gemüse aus angebratenen Wurzelstückchen bereitet. Die Blüten sind eine hübsche Beigabe zu Salaten. Chicorée ist eine Kulturform dieser Wildpflanze, auch die Winterendivie ist nahe verwandt.

Löwenzahn, der ja inzwischen wieder salonfähig geworden ist, darf hier nicht unerwähnt bleiben – junge, zarte Blättchen im Salat oder angebratene Blütenknospen sind richtig lecker! Wir haben ihn hier nicht extra ins Beet gesetzt, er wächst sowieso von ganz allein.

Gundermann können Sie als sehr würziges Wildkraut in kleinen Mengen zum Salat oder in die Sauce gegeben, es verändert den Geschmack in eine überraschend andere Richtung. In Süßspeisen wie z. B. Rhabarberkompott oder einfach für kurze Zeit in Apfelsaft eingelegt, wirken nur wenige Blättchen und Blütchen wie die Zugabe einer exotischen Frucht. Reiben Sie mal an einem Blättchen und genießen Sie das Aroma!

Der Geschmack von Sauerampfer ist vor allem den Älteren noch sehr gut im Gedächtnis. Sauer macht lustig! Köstlich erfrischend war es, in die Blätter hineinzubeißen, die überall auf den Wiesen wuchsen. Fein als Sauerampfer-Süppchen, im Salat oder als eines der sieben Kräuter der Frankfurter Grünen Soße (Seite 59) wird er wieder häufiger in der Küche verwendet. Weniger bekannt ist eine italienische Variante, der Schild-Ampfer. Die-

Wegwarte: die verzauberte Braut

Die Wegwarte soll eine verzauberte Braut sein, die immer noch auf ihren Freier wartet. Wenn Sie eine seltene weißblütige Wegwarte finden, zögern Sie nicht: Stecken Sie sich ein Stück davon in die rechte Tasche, denn die Pflanze macht angeblich unsichtbar. Wer hätte davon nicht schon geträumt!

Blaue Wegwarte im Körperbeet, inmitten von Königskerze und Wilder Möhre.

ser hat wesentlich kleinere und zartere Blätter, ist gut wüchsig, aber nicht so lästig wie der Sauerampfer.

Ein besonderes Kraut der italienischen Küche ist das leicht bittere Olivenkraut. Es hat einen intensiven Geschmack nach Olive, das Saucen in diese Richtung geschmacklich verfeinern kann. Optisch ist es vergleichbar mit einem feinnadeligen Rosmarin, der Geruch ist jedoch auffallend anders. Verwandt ist das Olivenkraut mit dem Heiligenkraut – wenn die gelben kleinen Korbblüten gebildet werden, ist die Verwandtschaft offensichtlich.

Zwischendrin dürfen sich Rapunzel-Glockenblumen aufhalten. Die Blattrosetten können Sie als Rapunzelsalat essen, die niedlichen blauen Glockenblüten sind leckere Dekoration. Das gelb blühende Barbarakraut (Winterkresse), eine zweijährige Pflanze mit feiner Kresseschärfe, ist wie die Rapunzel-Glockenblume auch nicht unbedingt dort, wo wir Gärtner es haben wollen. Das führt manchmal zu Rätselraten bei unseren Besuchern.

Ein kurioses Pflänzchen, das sich inzwischen beinahe überall im Garten aufhält, ist der Erdbeerspinat. Mit seinen erdbeerähnlichen Früchten verlockt er Besucher zum Naschen, doch die Früchte sind längst nicht so fruchtig im Geschmack wie richtige Erdbeeren. Vor allem zu Dekorationszwecken wurde diese Pflanze angeblich schon zu Beginn des letzten Jahrhunderts im englischen Königshaus verwendet, als Beigabe vor allem der jungen Blätter zu Spinat war sie schon sehr lange vorher in Gebrauch. Die Pflanze ist einjährig und verbreitet sich durch Samen selbst, wenn nicht zu viel Ordnung geschaffen wird.

Erdbeerspinat reizt zum Naschen.

ERSTAUNLICHE BLÜTENKÜCHE

Ein besonderer Genuss für die Augen sind die Blütenfarben, die Salate einfach „fröhlicher“ machen können.

Dass Kapuzinerkresse- und Lavendelblüten essbar sind, ist meist bekannt. Die kleine, aber feine Auswahl an prächtigen Blüten für üppige Büfetts oder knackig bunte Salate in diesem Beet erstaunt jedoch viele Besucher der KräuterWelt. Plötzlich können Sie unerkannte Genüsse aus dem eigenen Garten hervorzaubern!

Da wäre z. B. die Taglilie, oder botanisch *Hemerocallis* (bitte nicht mit den Lilien verwechseln!). Die dankbare Gartenstaude mit den breiten, grasartigen Blättern fühlt sich fast

Taglilien sind mit ihren großen Blüten eine feine Bereicherung jeder Mahlzeit.

überall wohl und ist dabei immer blühfreudig und üppig, solange sie genügend Wasser und Nährstoffe bekommt. Ihre Blüten sind sehr lecker und dekorativ.

Jede Blüte der Taglilie ist nur wenige Tage geöffnet, doch treiben immer genügend nach, um eine lange Blütezeit zu garantieren. In der Kräuter Welt finden Sie eine kleine Auswahl der vielfältigen Sorten mit verschiedenen Blütenfarben und -zeiten. Im Geschmack sind die Sorten ebenso unterschiedlich, manche besitzen etwas mehr Schärfe, manche gehen mehr ins Säuerliche.

Die Taglilienblüten im Kräutergarten schmecken ein wenig nach Erbse und etwas säuerlich-knackig, haben aber allesamt eine feine Note. Für eine Salatbeigabe eignen sie sich – klein geschnitten oder als Ganzes – perfekt. Darüber hinaus sind sie auch zum Füllen, z. B. mit Frischkäse, gut geeignet.

Zum Gebrauch ernten wir die noch geschlossenen Knospen. Besonders gelbe Blüten locken Insekten an, die dann mit Tricks wie Abpusten oder Lichteinfall überzeugt werden müssen, dass sie auf dem Teller nicht willkommen sind.

Blüten der Nachtkerze sollten spät abends oder nachts gesammelt werden. An manchen anderen Blüten ist die Insektenwelt nicht so interessiert, was uns das Sammeln und Servieren einfacher macht.

Ebenso tolle Hingucker in vielen Gerichten sind die Blüten der Malven und der Stockrosen. Die Wilde Malve mit ihren violett gestreiften Blüten und die Rosen-Malve sind häufige und gern gesehene Gäste im gesamten Garten, allerdings muss ein Zuviel an Sämlingen rechtzeitig eingedämmt werden. Als Heilpflanze und Insekten-„Magnet“ ist sie von Bedeutung, liefert aber auch herrlich stabile Blüten, die als Dekoration hervorragend geeignet

Stockrosen – herrliche Sommerbegleiter.

sind. Getrocknete Blüten sind Farbtupfer im Kräutersalz und für Teemischungen, und ein aufgebrühter Tee bekommt durch sie eine rötliche Farbe. Junge Malvenblätter, die unreifen Samenkapseln und gedämpfte junge Triebe wurden früher als Gemüse zubereitet.

Dass die großen Blüten der Stockrosen in den samtigen Farben auf jedem Gericht für Aufmerksamkeit sorgen, ist garantiert. Trotz ihrer Größe bleiben sie lange stabil. Allerdings sollten Sie die Staubfäden entfernen, damit die Blüten nicht „verschmiert“ werden.

Die zauberhaften Blüten der verschiedenen Nelken machen Appetit. Manche Sorten duften sehr intensiv. Je stärker eine Blume riecht, umso intensiver schmeckt sie auch.

Der süße Geschmack der Blüten kann manchmal durch Bitterstoffe im Blütenboden beeinträchtigt werden – bitte probieren Sie einfach.

Neben bereits vorgestellten Kräutern wie Frucht-Salbei und Zitronen-Verbene sind Dahlien weitere Sommergäste im Beet. Deren Blüten sind durch die große Formenvielfalt und das breite Farbspektrum eine Wucht für Liebhaber der Blütenküche. Geschmacklich müssen Sie ausprobieren, welche Sorten zu Ihnen passen. Die meisten sind mit ihrer fruchtig-säuerlichen Note sehr empfehlenswert für die asiatische Küche – über Geschmack lässt sich da nicht streiten. Doch lassen Sie bitte die Blüten nicht direkt aus dem Supermarkt auf den Tisch kommen – Zierpflanzen sind durch die dafür zugelassenen Pflanzenschutzmittel für einen Verzehr ungeeignet, es sei denn, sie haben ein entsprechendes Bio-Siegel.

Im Restaurant der Firma ALB-GOLD werden Ihnen nur Blüten von Pflanzen serviert, die schon sehr lange im Garten wachsen oder aus biologischem Anbau stammen.

Gewürztagetesblüten in gelb, orange und rot sind eine heitere Speisebeigabe.

Im Frühling sind dies oft Stiefmütterchen – eben aufgrund ihrer frühen Blütezeit. Mit ihren herrlichen Farben sind sie sehr dekorativ. Zudem sind sie geschmacklich hervorragend in Salaten und Rohkost, und es gibt sie häufig in Bioqualität. Im Sommer sind die gelben, orangen oder roten Blüten der Gewürztagetes eine gute Wahl – die kleinen Verwandten der Tagetes schmecken fein fruchtig und verzieren Salate und Desserts.

Erstaunlich viele Blüten können Sie in der Küche verwenden. Weitere Beispiele essbarer Blüten finden Sie im Kapitel „Bauerngarten und Blütenmeer“.

TEE- UND GEWÜRZKRÄUTER

Kräuter, Kräuter und nochmals Kräuter: Petersilie, Schnittlauch, Thymian, Oregano ... und plötzlich öffnet sich auch hier eine vielseitige und genussreiche Welt. Zudem sind Kräuter meist in vielerlei Hinsicht heilkräftig und voller Vitamine und Mineralien. Zur besseren Übersicht beginnen wir mit dem Thema Gewürz- und Salatkräuter, im zweiten Teil stellen wir Kräuter für Teezubereitungen vor. Doch häufig sind beide Verwendungsarten möglich.

Glatte und Krause Petersilie: beide sind einfach perfekte Vitaminspender.

GEWÜRZ- UND SALATKRÄUTER

Frische Petersilie passt zu fast jedem Gericht und lässt es gleich appetitlicher aussehen. So häufig wie dieses ist kein anderes Kraut auf dem Teller, zumindest in unseren Breiten. Unter uns Kräuterliebhabern hat sich herumgesprochen, dass die glatt- und großblättrige Italienische Petersilie intensiver schmeckt als die üblichere, krausblättrige Petersilie.

Petersilie ist nicht leicht aus Samen zu ziehen, denn sie braucht lange zum Keimen, darf nur wenig abgedeckt werden und muss immer wieder an einem anderen Platz gezogen werden. Genügend Feuchtigkeit ist vonnöten, doch sollte der Boden nicht verschwämmt werden. Alte Gartenratschläge besagen, dass man beim Aussäen lachen sollte, weil sie sonst nicht austreibt. Angeblich muss sie 9-mal zum Teufel und zurück, bevor sie keimen darf ... Wir behelfen uns im Garten mit Jungpflanzen von Gärtnern, die scheinbar einen Pakt mit dem Teufel geschlossen haben oder beim Arbeiten ständig lachen!

Schnittlauch ziert in leckeren dekorativen Röllchen oft Salat, Kräuterbutter und Omelett. Welche feine Würze und tolle Farbe die Blüten des Schnittlauchs in Gerichte zaubern können, ist jedoch weitgehend unbekannt. Die schicken lila Blütenköpfchen, aber auch rote und weiße, klein geschnitten in Quark oder Butter, sorgen für appetitliche Farbtupfer. Schnitt-Knoblauch als weiteren Angehörigen der Zwiebelgewächse kennen nur wenige – die weißen Blütensternchen beider Sorten ('Kobold' und 'Monstrosum' sind unterschiedlich hoch) schmecken ebenso fein nach Knoblauch wie die flachen Blättchen. Schnitt-Knoblauch wird wie Schnittlauch geerntet und bleibt als mehrjährige, gut winterharte Staude im Boden.

Letzteres gilt auch für zwei ungewohnte Zwiebelarten: die Winterheckenzwiebel und die Ewige Zwiebel. Beide liefern schon sehr

Die Ewige Zwiebel: Junge Zwiebeln bilden sich oben auf dem Stängel.

bald im Frühjahr die saftigen grünen Zwiebelröhrchen, die Sie ab dann laufend ernten können. Die Winterheckenzwiebel (im schwäbischen Sprachgebrauch auch als Schnattra bekannt) blüht in großen weißen Blütenbüscheln. Die Ewige Zwiebel vermehrt sich mit (essbaren) kleinen „Zwiebelkindern", die sich oben am Stängel bilden und sich später bei der Reife absenken, um einzuwurzeln und eine weitere Pflanze zu bilden.

In aller Munde ist inzwischen auch Bärlauch. Dieses wilde Zwiebelgewächs finden Sie in einem schattigeren Teil des Gartens an der hinteren Gewächshaustür und im Körperbeet.

In den Buchenwäldern am Albtrauf und im Schönbuch ist es weit verbreitet, der starke Knoblauchduft im Frühjahr verrät es gleich. Ein Pesto mit Bärlauch ist schnell zubereitet: Klein gehackter Bärlauch wird mit etwas Öl, zerkleinerten Pinienkernen o. Ä. und geriebenem Parmesan vermischt – ein Genuss! Bärlauch können Sie gut selbst im Wald ernten – eine Verwechslung mit Herbstzeitlosen oder Maiglöckchen müssen Sie jedoch unbedingt ausschließen! Die weißen Blütensterne können Sie mitessen, alte Blätter schmecken nicht mehr. Einen Anbau im Garten sollten Sie sich gut überlegen. Der Bärlauch hat einen enormen Ausbreitungsdrang und kann schnell zum Störenfried werden. Am besten grenzen Sie ihn mit einer Wurzelsperre ein.

Ein anderes Wildkraut mit feinem Knoblaucharoma ist die Knoblauchsrauke, die man inzwischen mit Pimpinelle, Vogelmiere und Brennnessel in vielen leckeren Wildkräuterrezepten findet. Ebenso Giersch – der im Kräutergarten zu unserer Freude nicht vorkommt. Der Ausbreitungsdrang dieser Wildpflanze übertrifft den Bärlauch bei Weitem! Pimpinelle ist durch den sehr zeitigen Austrieb im Früh-

Borretsch entwickelt Mengen solcher himmelblauen Blüten.

jahr ein früher Vitaminlieferant – und einer der sieben Bestandteile der berühmten Frankfurter Grünen Soße.

Der einjährige Borretsch ist ein weiterer Bestandteil. Junge Blättchen schmecken fein nach Gurke, und die wunderschönen blauen Blütensterne sind im Salat oder auch eingefroren in Eiswürfelchen sehr dekorativ. Wenig bekannt ist der zierliche winterharte Staudenborretsch. Er bildet ein sehr niedriges Polster und kleinere, himmelblaue Sternchenblüten.

Für die Soße fehlen dann noch Schnittlauch, Petersilie, Sauerampfer, Kresse (leicht zu säen auf der Fensterbank im Glas) und Kerbel.

Einjähriger Garten-Kerbel kann schon sehr früh im Jahr ausgesät werden und wächst schnell. Sein zierliches, petersilienartiges Laub hat ein feines, süßliches, aber doch kräftiges Aroma. Er passt gut zu Sahnesaucen und Salaten.

Frankfurter Grüne Soße

Pimpinelle, Borretsch, Schnittlauch, Petersilie, Sauerampfer, Kresse und Kerbel in jeweils gewünschter Menge
500 g Schmand, Crème fraîche, Dickmilch oder saure Sahne
2 gekochte Eier, fein gehackt
1 EL Essig
1 EL Öl
Salz, Pfeffer

- Kräuter fein schneiden und in Schmand, Crème fraîche, Dickmilch oder saure Sahne einrühren.
- Mit den gekochten Eiern, Essig, Öl, Salz und Pfeffer vermengen.

Traditionell wird diese grüne schmackhafte Mischung zu Pellkartoffeln und Eiern gegessen.

Dill ist ebenfalls einjährig. Wie Kerbel mag er humose Böden und wird gern in Mischkultur mit Gurken oder Salat gesät. Die frisch verwendeten feinen Blättchen dieses Doldengewächses gehören für die meisten Menschen einfach zum Gurkensalat dazu. Fisch, Kartoffeln und viele Salate bekommen durch Dill eine besondere Note. Eingelegte saure Gurken werden mit den Blüten und Samen des Dills erst zu einer delikaten Speise. Die zierlichen Blüten sind auch hübsch als schmackhafte Dekoration, die Samen eignen sich für einen heilsamen Tee.

Das feine Laub verliert durch Trocknen einen Großteil des Aromas. Darum verwenden Sie es am besten frisch oder frieren es ein.

Geschmacklich kräftiger, etwa zwischen Dill und Liebstöckel gelegen, ist Bärwurz. Dieser lässt sich auch trocknen, ohne zu sehr seine Würze zu verlieren und passt mit seinem herzhaften Geschmack zu vielen Salatsaucen und zu Fisch. Bärwurz ist eine heimische Wildpflanze, liebt jedoch sauren, humosen Boden. Wenn Sie sich für diese Pflanze interessieren, sollten Sie ein Plätzchen im Garten mit Rhododendronerde vorbereiten.

Kümmel, auch ein Doldengewächs mit gefiederten Blättchen, ist eines der ältesten Würzkräuter. Seine ganzen oder gemahlenen Früchte sind Bestandteil vieler schwer verdaulicher Gerichte und als Brotzutat beliebt. Zur Magenstärkung und gegen Blähungen können Sie einen Tee zubereiten. Die Blättchen würzen klein geschnittenen Käse oder Salate und schmecken etwas milder.

Schwarzkümmel ist dagegen kein Doldengewächs und auch nicht mit Kümmel verwandt. Sein schwarzer würziger Samen auf Fladenbroten und in orientalischen Gerichten wird durch die internationale Küche immer bekannter.

Liebstöckel (Maggikraut) gehört zu den allseits bekannten Kräutern. Der Geschmack und Geruch erinnert sehr stark an „Maggi“. Suppen und Saucen können Sie mit einer Spur Liebstöckel verfeinern, und auch Salatliebhaber verschmähen es nicht. Liebstöckel mag gern einen tiefgründigen, etwas feuchten Boden.

Bärwurz, ein Doldenblütler mit feinem aromatischen Laub.

ALB-GOLD-NUDELREZEPT

Herzhafte Nudelwaffeln mit Kräuterquark

Zutaten für 4 Personen:

Für die Nudelwaffeln:
150 g ALB-GOLD-Dinkelspätzle
1,5 EL Maiskeimöl
200 g griech. Schafsmilchjoghurt
3 Eier
½ TL Salz
Pfeffer
25 g Dinkel-Vollkornmehl
25 g Dinkelmehl Type 630
5 g Backpulver

Für den Kräuterquark:
2 Bund gemischte Kräuter (z. B. Petersilie, Schnittlauch und Knoblauch, Bärwurz, Schild-Ampfer, Vogelmiere, Pimpinelle)
1 Knoblauchzehe
250 g Magerquark
150 g saure Sahne
Salz, Pfeffer
Currypulver
Ahornsirup

Nudelwaffeln:

- Spätzle in reichlich kochendem Salzwasser 10 Minuten bissfest garen, abgießen und kalt abschrecken. 1 Teelöffel Öl unterheben.
- Joghurt mit Eiern, dem übrigen Öl, Salz und Pfeffer verrühren. Mehl mit Backpulver verrühren, über die Joghurtmischung sieben und kurz mit dem Schneebesen untermengen. Nudeln unter den Teig heben.
- Waffeleisen auf Stufe 3–4 erhitzen und einfetten; für die weiteren Waffeln wird kein zusätzliches Fett mehr benötigt.
- Jeweils eine Schöpfkelle Waffelteig auf die Platte geben, dabei die Nudeln gleichmäßig verteilen, und Deckel zuklappen. Backen, bis die Waffeln schön hellbraun geröstet sind.
- Auf Teller verteilen und servieren.

Kräuterquark:

- Kräuter waschen und trocken schütteln, Blättchen abzupfen und fein hacken. Knoblauchzehe schälen und sehr fein hacken.
- Quark mit saurer Sahne, Kräutern und Knoblauch mit einem Schneebesen verrühren.
- Mit Salz, Pfeffer, Currypulver und Ahornsirup würzig abschmecken. Evtl. mit Schnittlauchblüten dekorieren und servieren.

Die grünen Früchte der Süßdolde haben einen feinen Geschmack nach Anis.

Das erschwert uns den Anbau, da wir diese Voraussetzungen auf der Alb nicht erfüllen.

Die wenig bekannte Süßdolde dagegen entwickelt sich im Garten zu voller Größe bis ca. 1,20 Meter. Sie stammt aus den nördlichen Regionen Europas, genau wie die Engelwurz, und bevorzugt feuchte und schattige Plätze. Der Geschmack aller Teile der Pflanze erinnert an Anis und ist in den noch grünen Früchten am intensivsten. Alles an ihr ist essbar und zum Würzen geeignet, als Beigabe zu Salaten, Kräutersuppen und Süßspeisen – und auch Fischgerichte bekommen eine besondere Note.

Für die asiatische Küche ist Koriander unentbehrlich. Die frischen Blätter und der reife kugelige Samen sind beliebte Zutaten in vielen Gerichten aus Thailand, Indien und dem asiatischen Raum, und auch aus Nordafrika und Südamerika. Hierzulande scheiden sich die Geister: Die einen hassen schon den Geruch, die anderen lieben die Würze und das Aroma. Auch unter uns Gärtnerkollegen gibt es diese beiden konträren Richtungen. Koriander ist einjährig und robust, lässt sich für die laufende Ernte frischer Blättchen immer wieder nachsäen und verbreitet sich auch selbst durch Samen.

Kommen wir nun zu den mannigfaltigen Kräutern der französischen und der Mittelmeerküche. Einige davon verbinden wir einfach mit einem gewissen Urlaubsgefühl und dem Duft nach heißen Sommern, z. B. Lavendel und Rosmarin. Es gibt öfters Zeiten im Sommer, zu denen auch auf der Schwäbischen Alb und im Kräutergarten hier in Trochtelfingen die Sonne eine regelrecht südliche Hitze verbreitet. Dann entwickeln die Kräuter ein großartiges Aroma und hervorragende ätherische Öle, in denen sich die Duft- und Geschmacksstoffe befinden. An diesen Tagen ist Erntezeit für Kräuter des südlichen Raumes, am besten am späten Vormittag, wenn alles abgetrocknet ist. Dann haben sich die Aromen angesammelt und noch nicht zu sehr in die Umgebung verteilt. Um die Aromen zu konservieren, trocknen wir die Kräuter auf einer Kräuterdarre. Genauso gut können Sie die Kräuter auch in kleinen Büscheln zusammenbinden und im Schatten luftig aufhängen.

Rosmarin allerdings sollte nur frisch verwendet werden, sonst geht zu viel des intensiven Geschmacks verloren. Er würzt Fleischgerichte ebenso wie Kartoffeln und Gemüse mit der ihm eigenen Note. Sogar Süßes, wie Marmeladen und Eis, kann verfeinert werden – wie schön, dass die innovative Küche inzwischen mit so vielen, kreativen Rezepten aufwartet!

Im Mittelmeerraum und in Gegenden mit milderen Wintern kann Rosmarin zu einem hohen Strauch heranwachsen. Auf der Schwäbischen Alb dagegen müssen wir immer fürchten, dass die Pflanzen im unbeheizten Gewächshaus den Winter nicht überstehen. Wenn sie es doch geschafft haben, sind sie meist etwas ramponiert, erholen sich aber wieder bis zum Frühsommer. Im Garten begleiten uns große Töpfe mit schon älteren Pflanzen, bei denen wir auch keinen Aufwand scheuen, sie im Glashaus über den Winter zu bringen. Die Pflanzen belohnen uns mit einem gewissen toskanischen Flair auf der Alb.

Von Rosmarin gibt es aber auch Sorten, die besser über den Winter kommen. Das ist für diejenigen unter Ihnen wichtig, die die Möglichkeit haben, Rosmarin an einer geschützten Stelle im Garten draußen zu überwintern. Gut möglich ist dies in Rhein- und Neckartal und in sonstigen wärmeren Gebieten Deutschlands. Je älter der Strauch ist, desto höher wird die Frosthärte.

Junge Pflanzen sollten möglichst hell und nicht über 10 °C in der Wohnung oder der Garage überwintert werden. Leichte Minusgrade werden gut vertragen, hohe Zimmertemperaturen und wenig Licht hingegen nicht. Am meisten Schwierigkeiten für die Überwinterung bereiten hängende Formen und verwöhntere Direktimporte aus Italien.

Ein großer Tontopf mit Rosmarin erinnert an italienische Gartenkultur.

Lavendel ist der Duft von Sonne und Süden.

Lavendel ist bei dem hier üblichen durchlässigen und mageren Kalkboden dagegen in stabilen Sorten gut winterhart. Allerdings sollte der Hauptschnitt in kalten Gegenden erst im späteren Frühjahr durchgeführt werden, nach der Blüte im Sommer entfernen wir nur die verblühten Stängel. Ein großzügiger Schnitt im Frühjahr sollte unbedingt erfolgen, Lavendel neigt sonst zu Überalterung. Ein alter, ganz verholzter Strauch kann evtl. nach einem zu starken Schnitt nicht mehr oder nur spärlich austreiben. Darum sollten Sie junge Pflanzen bereits im ersten Frühjahr der Pflanzung weit herunterschneiden, um die Sträucher vital und dicht zu erhalten.

Lavendel gibt es in unzähligen Arten und Sorten, von weiß über rosa bis blau, hohe und niedrige Wuchsformen. Beliebt ist etwa der Schopflavendel, der jedoch nach harten Wintern erfroren sein kann. Wir verwenden im Kräutergarten gern gedrungene dunkle Sorten des Echten Lavendels, *Lavandula angustifolia*. Im Körperbeet finden Sie ihn aufgrund seiner entspannenden und beruhigenden Wirkung.

Lavendel ist, zusätzlich zu seiner heilenden Wirkung, das Genießerkraut schlechthin. Mit seinem betörenden Duft ist er Bestandteil vieler Kosmetikprodukte und Badezusätze. Im Schrank wird er gegen Motten, als Duftöl für besseren Schlaf und gegen Kopfweh eingesetzt. Doch auch in der Küche wird er von Liebhabern zu Lammfleisch sowie zu Süßspeisen geschätzt.

Pflanzungen erhalten durch Lavendel ein mediterranes Flair und eine pflegeleichte Struktur. Im Kräutergarten darf der Lavendel etliche Beete begrenzen und auch bei den Rosen seine Wirkung gegen Läuse entfalten. Hierfür sind allerdings Marienkäferlarven und Vögel noch weitaus bessere Helfer.

Dost oder Wilder Majoran mit seinen hübschen lilafarbenen Blütenbüscheln.

Mit seinem silbrigen Laub zeigt der Currystrauch eine gewisse Ähnlichkeit zum Lavendel, der appetitliche Duft nach Curry beim Darüberstreichen lässt jedoch sofort den Unterschied erkennen. Es ist eine „Streichelpflanze" auf dem Balkon, die an den Duft der weiten Welt erinnert. Für die Küche lässt sich das Currykraut zum Aromatisieren von Reis u. a. nutzen. Die Zweige dürfen erst kurz vor Ende der Garzeit zugefügt werden, sonst werden sie bitter! Die gelbe Blüte und die feinen Korbblütchen lassen die Verwandtschaft zur Strohblume sichtbar werden.

Der Dost bzw. Wilde Majoran kommt an diversen Orten in der KräuterWelt vor: im Körperbeet als eines der ganz alten Heilkräuter, in den wilden Wiesen als robuster, heimischer Schmetterlings-„Magnet" und im Genießerpflanzenbeet als aromatisches Würz- und Teekraut. Die feinen roten Blütenbüschel sind zierend in den Kräutersträußchen, und sie schmücken gern Kräuteröl-Ansätze oder Potpourris. Das Aroma auch der Blütenstände geht in Richtung Oregano, und er ist auch dementsprechend in der Küche verwendbar. Doch für Pizza und italienische Pastasaucen wird ein anderer Oregano mit stärkerem Aroma verwendet. Der Griechische Oregano schmeckt sehr intensiv und würzig, auch die hellen Blütenstände haben ein kräftiges Aroma, und der Geschmack nach Pizza ist unverkennbar. Nach dem Trocknen steigert sich sogar das Aroma. Oregano ist wohl das einzige Gewürzkraut, dessen Intensität nach dem Trocknen höher ist. Vergleichen Sie einmal ein frisches Blättchen mit dem Wilden Majoran – es liegen Welten dazwischen ... Dann wächst hier noch der pfeffrige, der 'Hot & Spicy' mit Peperonischärfe, der kleine 'Compactum' für Balkonkästen und der Schweizer Oregano

Salbeisorten mit unterschiedlichen Blattfarben sorgen für Kontraste.

mit sehr hübschen Blütenständen für Kräutersträuße. Goldblättrige Sorten als schicker Kontrast im Balkonkasten und Besonderheiten wie der Korsische Oregano, mit weichen Blättern, finden hier auch ein Plätzchen.

Majoran ist zwar ähnlich im Aussehen, aber geschmacklich ganz anders. Er passt zu Kartoffelgerichten und vor allem zu Leberwurst oder Schmalz. Leider sind die würzigsten Sorten im hiesigen Klima nicht winterhart und werden nur einjährig angebaut. Mehrjährige Züchtungen sind längst nicht so intensiv im Aroma.

Der Französische Majoran mit seinen gelben Blättern beweist bei uns nun schon etliche Jahre seine Winterhärte. Sein Geschmack erinnert an Thymian, das helle Blatt macht ihn sehr dekorativ.

Der Gewürz-Thymian im Genießerpflanzenbeet ist der wichtigste Thymian für die italienische Küche und wurde bereits vorgestellt. Als Heilpflanzen im Körperbeet sind noch Quendel und Sand-Thymian zu nennen, beide sind heimische und in der Heilpflanzenkunde für vielerlei Therapien verwendete Wildpflanzen.

Doch gibt es noch viele weitere Arten und Sorten, die ganz spezielle Düfte zeigen: Orangen-Thymian und Zitronen-Thymian bestechen durch fruchtiges Aroma – besonders, wenn es warm ist. Beim Darüberstreichen verteilt sich das intensive Aroma in die Umgebung. Beide sind köstlich in Salaten oder auch in Desserts oder Gelee.

Ausgepflanzt im Genießerpflanzenbeet, auf der Kräuterspirale und weiteren Plätzen finden sich Ingwer-, Kokos- und Kümmel-Thymian neben noch mehr Variationen, die zu kulinarischen Versuchen und zum Dufttanken locken. Wie herrlich, dass es diese Vielfalt gibt!

Für die italienische Küche ist Salbei wichtig – wobei dieser natürlich auch als Heilkraut in

Ysop in allen Blütenfarben ist vielseitig verwendbar.

Tees und vielen anderen Zubereitungen eine große Rolle spielt. Der alte Spruch „Wenn du Salbei in deinem Garten hast, wie kannst du dann sterben?" drückt die wichtige Stellung aus, die Salbei als Heilpflanze hatte und immer noch hat. In Butter oder Öl ausgebackene Salbeiblättchen oder eine Sahnesauce mit klein geschnittenen Salbeiblättern sind eine Delikatesse (siehe auch das Pizzoccheri-Rezept, Seite 111). Gewürz-Salbei (*Salvia officinalis*) gibt es in etlichen Sorten, die sich in Höhe, Blühfreudigkeit und -farbe und in der Blattgröße unterscheiden. Salbeisorten für die Küche blühen wenig, haben aber dafür „gesunde" Blätter vorzuweisen. Gewürz-Salbei sollte in der Schwangerschaft oder bei empfindlichen Personen wegen seines Thujon-Gehaltes durch den bekömmlicheren Lavendelblättrigen Salbei, der diesen Inhaltsstoff nicht aufweist, ersetzt werden.

Gern verwendet wird der hohe Gewürz-Salbei in wunderbar duftenden Gewürzsträußen. Dabei bleibt er sehr lange dekorativ. Ebenso können Sie Sorten mit gelben oder dunklen Blättern entdecken, die hübsche Kontraste zu grünblättrigen Pflanzen bilden können.

Gut geeignet in Sträußen ist auch Ysop, mit seinen herrlichen blauen Blüten. Es gibt ihn auch in weiß und rosa blühenden Sorten. Er spielt in der Küche durch den etwas herben und leicht bitteren Geschmack aber nur selten eine Rolle.

Suppen und Saucen kann Ysop jedoch durch seine gesunden Inhaltsstoffe aromatisch würzen und Speisen bekömmlicher machen. Deshalb ist er in etlichen Würzölen und zahlreichen Verdauungslikören enthalten. Als Dekoration ist Ysop mit seiner blühenden Sprossspitze in der ALB-GOLD-Küche gern gesehen; zudem ist er lange haltbar.

Das Laub der Eberraute wirkt filigran und begleitet auch Blütenstauden gut.

Bohnenkraut spielt dagegen eine große Rolle als Speisenzutat, meist allerdings das einjährige, das häufig auf den Märkten gleich zu gekauften Bohnen mitgegeben wird. Sehr aromatisch und ebenso zum Bohnengericht passend ist das mehrjährige Berg-Bohnenkraut, ein Halbstrauch mit feinen weißen Lippenblüten und länglichen, fast nadeligen Blättern. Durch den intensiven Geschmack und den hohen Mineralgehalt kann es auch als Salzersatz verwendet werden, wenn spezielle Diäten dies verlangen. Die Verwendung von Kräutern ist generell gut geeignet, um ohne große Geschmackseinbußen Salz ersetzen zu können.

Hübsch ist Berg-Bohnenkraut auch im Steingarten, ebenso wie das Zitronige Berg-Bohnenkraut, das durch die Zitronennote gut mit Salaten harmoniert. Im Beet wächst das niedrige, ebenso würzige Zwerg-Berg-Bohnenkraut (*Satureja montana* subsp. 'Illyrica') mit blauer Blüte und späterer Blütezeit. Es eignet sich perfekt zu Dekorationszwecken. Und es bereichert den Garten, wenn am Ende des Sommers nicht mehr ganz so viel blüht.

Höher und mit bitteren Aromen warten die verschiedenen Artemisien auf, zu denen Wermut und Beifuß, Estragon und Eberraute zählen. Für die „bittere Hilfe“ kennen Sie vermutlich Beifuß als Fett-Verdauungshelfer zu Gans und schwerem Essen (die oberen knospigen Spitzen des Krautes werden verwendet) und Wermut in diversen Verdauungslikören. Eberraute war oft in den Kloster- und Bauerngärten vertreten und kann ebenso verwendet werden. Bei Gicht oder Magenbeschwerden gilt sie als wichtiges Heilkraut. Das Aroma von Eberraute und weiteren verwandten Arten geht in Richtung Cola – deshalb wird die Pflanze bei Kinderführungen gern vorgeführt und „gestreichelt“.

Estragon dagegen ist kaum bitter und doch hocharomatisch mit einer dem Anis ähnlichen Geschmacksrichtung. In der französischen Küche wird er häufig verwendet, aber stets vorsichtig dosiert, da er sehr intensiv würzt. Estragon-Hähnchen ist ein Klassiker. Estragon passt auch zu Salat, Fleisch, Fisch und Gurken. Mit Estragon und Himbeeren kann ein Essig

KRÄUTER WELT-REZEPT

Essig mit Estragon und Himbeeren

Essig mit Kräutern zu aromatisieren, ist nicht schwierig, sofern ein paar wichtige Regeln beachtet werden. Der Essig selbst sollte von guter Qualität und am besten geschmacklich und farblich neutral sein, damit das Aroma und die Farbe der Kräuter oder Früchte gut zur Geltung kommen.
Für die drei Essigansätze des Beispielfotos haben wir Apfelessig aus der Region verwendet, die Farbe ist deshalb ein wenig milchig-trüb. Die Kräuter und Früchte sollten zur besten Zeit gepflückt und direkt frisch in eine Flasche mit Schraubverschluss gegeben werden. Mit Essig auffüllen, sodass alles bedeckt ist, und die Flasche gut verschließen. Möglichst täglich aufschütteln, ab und zu die Flaschen kurz aufdrehen und wieder schließen. Nach ca. 3 Wochen in vorbereitete Flaschen abseihen, etikettieren.

Als Beispiel haben wir hier angesetzt:

- frische Himbeeren, französischer Estragon
  fruchtig-aromatisch, hellrot
- orange Kapuzinerkresseblüten
  leichte Kresseschärfe, orange
- rotes Genoveser-Basilikum
  gutes Basilikumaroma, rot

Von Estragon werden nur wenige Triebspitzen benötigt, um ein starkes Aroma zu erhalten, deshalb entsprechend mehr Himbeeren hineinmischen. Probieren Sie Ihre Lieblingsmischung aus. Vielleicht Zitronen-Thymian, Bohnenkraut und Oregano?

aromatisiert werden, der durch eine kräftige fruchtige Note bekannt ist und einen Salat zu einem Erlebnis werden lässt.

Estragon ist im Kräutergarten in drei verschiedenen Sorten angepflanzt. Der französische Estragon ist der mit dem vorzüglichsten Aroma, allerdings etwas empfindlich und schwachwüchsig. Deutscher Estragon ist sehr wüchsig und robust (im Körperbeet neigt er zum Wuchern), geschmacklich aber etwas weniger aromatisch als der französische. Russischer Estragon ist kräftig, doch mit weniger Anisaroma.

Verschiedene kälteempfindliche Kräuter aus dem tropischen oder subtropischen Raum befinden sich auch im Sommer im Gewächshaus, wie Zitronengras und Stevia, evtl. Kardamom oder Perilla, je nach Angebot. Kapuzinerkresse befindet sich hier, weil sie an dieser Stelle mehr Wasser bekommt und sich deshalb besser entwickelt als auf den trockenen Böden des Kräutergartens. Verschiedene Sorten sind mehr oder weniger rankend und in vielen Farben erhältlich. In einem kalten und regnerischen Jahr hatten wir eine riesige, kletternde Kapuzinerkressenpflanze an einer Seilkonstruktion hochgebunden. Blätter und Blüten schmecken würzig-scharf nach Kresse, sind lecker in Salaten und generell geeignet als Rohkost. Die runden Samenkügelchen lassen sich in Salz einlegen wie Kapern. Kapuzinerkresse gilt als heilkräftig bei Blasenproblemen und hilft zur Vorbeugung von Erkältungskrankheiten.

Gewürz-Tagetes benötigen wir häufig als Blüten-Dekoration im Restaurant. Zudem wirken sie mit ihren frischen Farben herrlich auflockernd in den Beeten und sind gut für den Boden.

Estragon gibt es in der Kräuter Welt in drei Sorten.

Stevia ist als Zuckerersatz und kalorienarmes Süßkraut zu einer gewissen Berühmtheit gelangt. Doch nach einer großen anfänglichen Begeisterung scheint nun alles schon wieder vorbei zu sein. Schade! Stevia schmeckt extrem süß, hat allerdings einen starken Beigeschmack nach Lakritz, was für die Zubereitung als Zuckerersatz berücksichtigt werden muss. Außerdem lässt sich nicht einfach ein Blättchen in den Tee werfen. Zunächst merkt man im Tee noch nicht viel davon, später schmeckt er dann extrem süß. Das Kraut lässt sich bei frischer Verwendung also kaum dosieren. Eine gute Möglichkeit ist das Abkochen von Stevia-Blättern zu einem „Zucker-Tee". Das aus diesem Abkochen gewonnene Konzentrat lässt sich tröpfchenweise verwenden und die Süßkraft damit regulieren.Wichtig ist außerdem, dass der Beigeschmack von Stevia überdeckt sein muss. Viele Rezeptbücher mit guten Anleitungen für leckere Rezepte sind inzwischen im Handel, die ja vor allem für Diabetiker hilfreich sein können.

KRÄUTER FÜR TEEZUBEREITUNGEN

Nun locken die verschiedenen Kräuter für Teezubereitungen – auch hier ist sicher viel Bekanntes neben gänzlich Unbekanntem.

Gewürz-Fenchel überragt gegen Ende des Sommers mit seinem zierlichen grünen und roten Laub und seinen eleganten Blütenständen unübersehbar diesen Bereich, nur übertroffen durch die große Königskerze. Im Gegensatz zum Gemüse-Fenchel bildet der Gewürz-Fenchel keine Knolle aus. Die getrockneten Samen als Teeaufguss trinken stillende Mütter und Kinder gern als Hilfe gegen Blähungen. Sie wirken u. a. krampflösend bei Verdauungsbeschwerden und Erkältungen, und sie haben einen feinen Geschmack nach Anis. Anis selbst haben wir in Trochtelfingen bisher nicht ziehen können, obwohl wir uns bemüht haben. Vermutlich können wir die benötigte Wärme nicht bieten. Als Gewürz finden alle Teile des Fenchels viele Liebhaber. Die Blüten ergeben eine zierliche Dekoration. Eine Sorte mit dunklem Laub wirkt sehr filigran und lässt sich in Pflanzungen gut mit Blütenstauden kombinieren.

Gewürz-Fenchel ist nicht langlebig, sät sich aber zur Bestandserhaltung selbst genügend aus. Das gilt auch für die Großblütige Königskerze. Die imposante Höhe und die leuchtend gelben Blütenkerzen machen diese Pflanzen zu einem Hingucker in der Kräuter Welt. Die großen gelben Blüten sind gesunde Beigaben zu Teemischungen, mit lindernden Eigenschaften bei Husten und Erkältungen.

Die Samenstände der Königskerzen sollten rechtzeitig abgeschnitten werden, um nicht zu viele Sämlinge zu erhalten! Nur junge Pflänzchen einer Selbstaussaat können mit Erfolg umgesetzt werden. Darum sollten Sie diese schnell und mit genügend Abstand an ausgesuchte Plätze pflanzen, wenn Sie an anderen Orten gern eine solche Pflanze hätten.

Die einjährige Kamille kennt nahezu jeder als Blütentee bei Erkältungskrankheiten. Selbst ernten lässt sie sich inzwischen selten, denn

Die Echte Kamille hat einen hohlen Blütenboden und einen unnachahmlichen Duft.

Indianernesseln sind mit ihren ungewöhnlichen Blüten auffällige Gartenstauden.

am Rand der Getreideäcker ist Kamille kaum mehr zu finden. Echte Kamille besitzt einen hohlen Blütenboden. Unter der Blüte befindet sich ein kleines Loch, wenn Sie das Blütenköpfchen oben am Stängel abreißen. Dadurch unterscheidet sie sich gut von der wirkungslosen Hundskamille.

Johanniskrauttee ist als Heilmittel bei Depressionen viel gepriesen. Im Garten ist das Echte Johanniskraut im Körperbeet und in großer Anzahl in den verschiedenen wilden Wiesen vertreten. Hier im Beet befindet sich das Zitronenduftende Johanniskraut, dessen Blätter und Blüten zu einem nach Zitrone und ein wenig Kampfer tendierenden erfrischenden Tee aufgebrüht werden können. Auch der Wohlriechende Odermennig im Beet ist aromatischer und in Teemischungen kräftiger im Geschmack als der Gewöhnliche Odermennig im Körperbeet.

Zwei verschiedene Indianernesseln (Rosenmelisse und Goldmelisse) fallen Besuchern durch ihre besonderen Blüten auf. Eine davon zeigt bei näherer Untersuchung ein intensives Rosenaroma und blüht in einem zarten Lila. Die rotblühende Art duftet nach Bergamotte und eignet sich als Zugabe zu einer Mischung von Earl-Grey-Tee mit Schwarztee (*Monarda fistulosa × tetraploid* und *Monarda* 'Squaw'). Sie können die Blätter und Blüten verwenden. Die Blüten sind zudem eine wunderschöne und duftende Dekoration. Die Pflanzen benötigen humosen Boden und haben es daher eher schwer auf der kargen Alb.

Aus südlichen Breiten stammt der Griechische Bergtee. Durch das graue behaarte Blatt besitzt er große Ähnlichkeit mit Salbei. Der Griechische Bergtee ist ein hervorragender Erkältungstee mit desinfizierender Wirkung und kräftigem, aber nicht so bitterem Geschmack.

In Griechenland und der Türkei ist er als Berg-Salbei wohlbekannt, hier aber noch nicht häufig zu finden. Schön wirkt er, wenn er an einer Mauer herunterhängen kann, oder auch in einer Kräuterspirale. Seitdem wir den Griechischen Bergtee mit einem „Steinkragen" umringt haben, kommt er besser über den Winter und ist im Frühling schneller abgetrocknet.

Melisse als Kräutertee mit feinem Zitronenaroma und beruhigender Wirkung ist schon zu Zeiten der alten Klostergärten berühmt gewesen. Heutzutage kennt man noch den berühmten Melissengeist. Mit ihrem hellgrünen weichen Laub ist die Pflanze eine Zierde für nicht zu trockene Plätze im Garten. Es gibt Auslesen im Handel, die Blattgesundheit und ein gutes Aroma garantieren. Zudem gibt es Sorten mit gelben Blättern.

Nach der Blüte schneiden wir die Pflanzen zurück, dann treiben wieder schöne frische Blätter nach. Melissenblätter sind aromatisch in Süßspeisen und Getränken und können zu Gerichten ein feines Zitronenaroma hinzufügen. Aber bitte nicht mitkochen – und für einen Tee nur frische Blätter verwenden!

Berg-Minze, eine zierliche Pflanze für Duftsträuße und eine tolle Bienenweide, Koreaminze und die Katzenminze im Körperbeet „Erkältung" sind dem Namen nach Minzen, aber nicht enger mit ihnen verwandt.

Die große Gruppe der Minzen – laut Walahfrid Strabo soll es so viele verschiedene Sorten geben, wie Fische im roten Meer schwimmen – ist ein eigenes Thema im nächsten Abschnitt zur Pfefferminztorte.

Genießerpflanzen sind ein weites Feld. Schöne Kräutersträuße, duftende Potpourris und das weite Feld der Pflanzenkosmetik – vieles können Sie mit einfachen Mitteln aus Kräutern bereiten. Räuchern ist beliebter geworden, und es lässt sich auch mit ausgewählten Albkräutern ökologisch und duftintensiv handhaben.

Für die einfache Pflanzenkosmetik benötigen Sie keine aufwändige Chemie, die Herstellung z. B. einer Ringelblumensalbe aus Ringelblumenblüten ist kein Hexenwerk!

Selbst angesetzte Haarspülungen mit Apfelessig und Kräutern für glänzendes Haar können als Geschenke ebenso glänzen. Als Badezusatz eignen sich Badepralinen mit Rosenblüten. Schön, dass Rezepte mit natürlichen Materialien und Zutaten wieder in großer Auswahl publiziert werden!

Während der Saison bieten wir als „Blickpunkt Garten" Kräuter-Kurse mit wechselnden Themen an, meist mit praktischer Kräuterverarbeitung.

Ringelblumensalbe

Zutaten:
1 Handvoll Ringelblumenblüten
Melissenblätter
200 ml Keimöl
40 g Bienenwachs (vom Imker)
Salbendöschen o. Ä.
Leinentuch

- Ringelblumenblüten, Melissenblätter und Keimöl in eine Glasflasche füllen und ca. 3 Wochen an einem nicht sonnigen Platz stehen lassen, ab und zu umschütteln.
- Öl abfiltern und in einem Topf erwärmen (nicht kochen!). Bienenwachs im Wasserbad erwärmen, zum Öl etwa gleicher Temperatur geben und gut miteinander verrühren. Ein wenig abkühlen lassen, nochmals gut vermengen.
- In vorbereitete Salbendöschen o. Ä. füllen. Mit einem Leinentuch abdecken, bis die Salbe völlig ausgekühlt ist, dann erst verschließen! Dunkel und kühl aufbewahrt ist diese Wund- und Heilsalbe mindestens 1 Jahr haltbar.

DIE PFEFFERMINZTORTE

Aufgrund der großen Berühmtheit und der Vielfalt der Sorten und Verwendungsmöglichkeiten gönnen wir der Minze ein kleines Kapitel für sich. Mit der Pfefferminztorte haben wir ihr auch in der KräuterWelt einen besonderen Platz gegeben.

In einem größeren Kreis wachsen zwölf verschiedene Minzsorten in „Tortenstücken“. In der Mitte befindet sich ein Rankspalier, das wir mit einjährigen Duftwicken oder Kapuzinerkresse jedes Jahr anders bepflanzen. Der Weg um die Minzen wird mit Aussaaten von Blumenmischungen, Ringelblumen, Kornblumen oder Mohn begrenzt. Ein Bogenspalier bildet den Eingang zur Pfefferminztorte, das mit der Clematissorte 'Mrs Robert Brydon' bepflanzt ist. Diese Clematis treibt jedes Frühjahr knapp über dem Boden aus, wächst im Laufe der Saison bis zu 2 Meter in die Höhe und blüht üppig in hellen blauen Glöckchen.

Die allerkleinste Minze, die Korsische Polster-Minze (*Mentha requienii*), haben wir meist in eine Schale gepflanzt und am Rand der Torte platziert. Diese kleine Minze wird nur 2 Zentimeter hoch, hat für ihre Größe einen sehr starken Duft und bildet viele winzig kleine lilafarbene Blüten aus.

Im Körperbeet wachsen zwei verschiedene Minzsorten: die Japanische Minze im Beet der Geschlechtlichkeit, deren ätherisches Öl im Tigerbalsam bei Kopfweh und Spannungsschmerzen Wunder wirkt, und die Sorte 'Agnes' im Magenbereich, eine dunkelblättrige Sorte mit hohem Mentholgehalt, die eine krampflösende Wirkung bei Magen- und Darmbeschwerden auszeichnet.

Der Kreis der Pfefferminztorte von oben betrachtet. Oberhalb eine Aussaat verschiedener Sommerblumen, links das Blütenstaudenfeld.

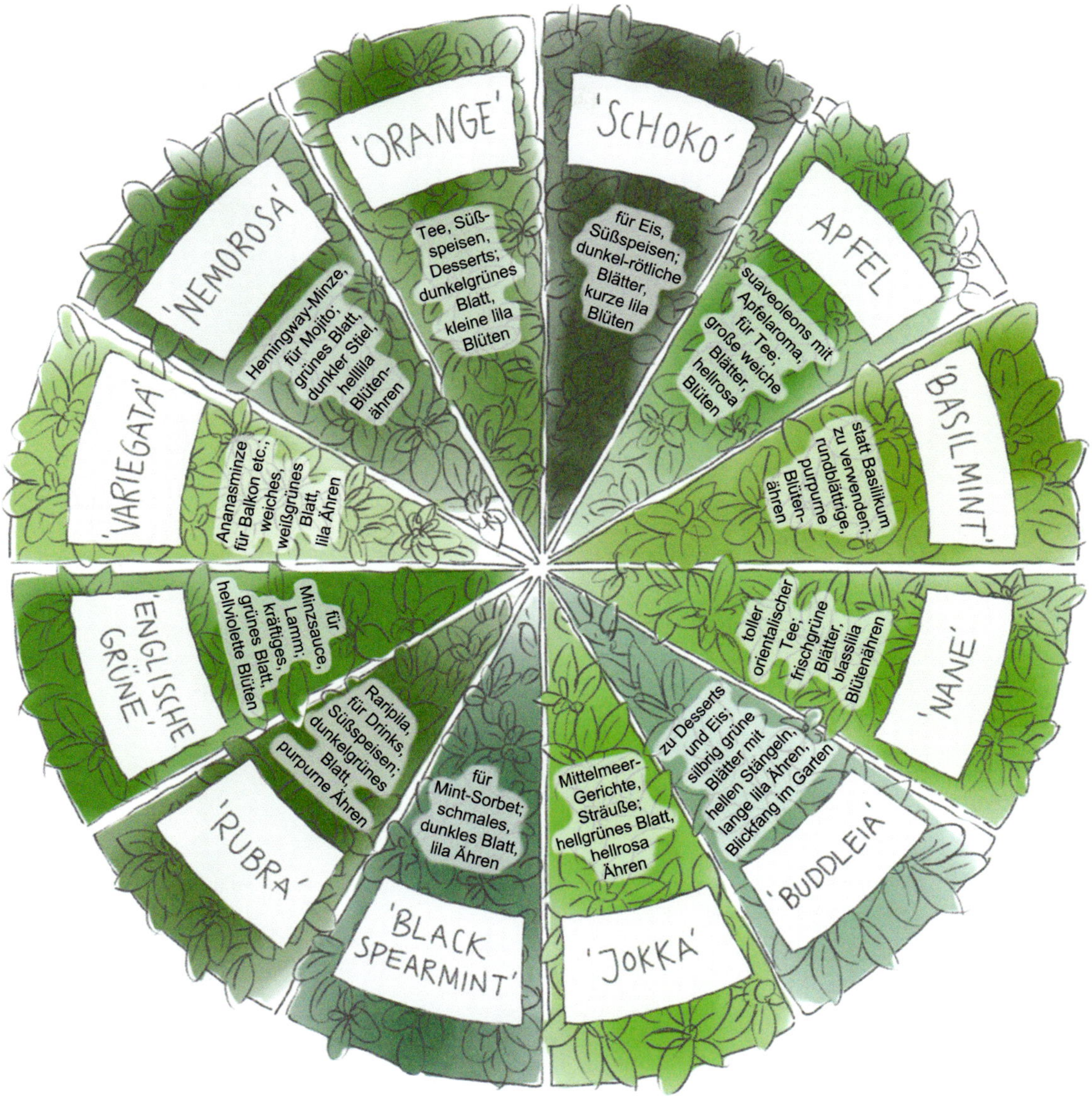

Im Tee- und Gewürzkräuterbeet können Sie Thai-Minze und Griechische Minze finden. Es erstaunt uns immer wieder, welche verschiedenen Aromen eine einzige Pflanzengruppe herausbilden kann! Minzen sind je nach Sorte nicht nur als Tee köstlich, sondern auch im Cocktail Hugo und im Mojito, in Eis oder Pesto oder in einer delikaten Minzsauce zum Lammfleisch.

Die Thai-Minze eignet sich mit ihrer stark pfeffrigen Note und einer ordentlichen Schärfe für asiatische Gerichte. Die kriechende Polei-Minze wirkt als Bodendecker und Duftrasen wunderschön, gehört jedoch nicht in einen Tee! Sie enthält einen giftig wirkenden Stoff und kann gegen Flöhe und Ungeziefer genutzt werden. Im Bauerngarten sind diese und weitere Minzen ausgepflanzt, da sie immer zur Hand sein sollten!

Wichtig für Liebhaber frischer Minze mit Garten: Wenn Minzen sich nicht Ihren gesamten Garten erobern sollen, müssen Sie diese am besten gleich beim Pflanzen eingrenzen! Die Wurzelausläufer tauchen sonst überall auf und lassen sich nur sehr schwer wieder ganz entfernen, vor allem, wenn sie sich schon im

Minzen sind herrlich vielfältig, auch in Blatt- und Blütenfarben.

Wurzelbereich mit anderen Pflanzen verknotet haben!

Eine einfache Vorgehensweise möchten wir empfehlen: Entfernen Sie zunächst von einem größeren Eimer (oder einem vergleichbaren Gefäß) die Unterseite. Nun heben sie im Garten ein Loch in der Größe des Eimers aus. Mit kleinen Steinchen können sie hier eine ausreichende Drainage erzeugen. Der Eimer wird nun in das Pflanzloch gesetzt, mit Humuserde gefüllt und mit der Minze bepflanzt. Kontrollieren sie regelmäßig, dass die Minze nicht über den Eimerrand wuchert. Das geht am einfachsten, wenn Sie immer kräftig ernten!

Botanische Erläuterungen, Verwandtschaften und Benennungen bei den Minzen sind kompliziert und müssen in diesem Buch nicht dringend geklärt werden. Es gibt sehr viele Sorten im Handel. Vergleiche sind manchmal schwierig. In den Beeten der KräuterWelt haben wir sortenrein vermehrte Pflanzen einer einzigen Firma, deren Bezeichnungen und Beschreibungen wir übernommen haben.

Mojito

Zutaten:
8 Blätter Minze
3 EL Rohrzucker
2,5 cl Limettensaft
5 cl weißer kubanischer Rum
4 cl Sodawasser
zerstoßenes Eis

- Die Minze, den Rohrzucker und den Limettensaft etwas rühren und leicht quetschen.
- Dann fügen Sie den Rum, das Sodawasser und das zerstoßene Eis hinzu.

Genießen Sie den Mojito mit Strohhalm und am besten an einem heißen Sommertag! Die perfekte Minzsorte hierfür ist die Hemingway-Minze, auf Kuba das „Gute Kraut" (*Hierba Buena*) genannt.

DIE KRÄUTERSPIRALE

Im Eingangsbereich befinden sich zwei Kräuterspiralen, die thematisch bei den Genießerpflanzen gut aufgehoben sind.

Beide sind spiralförmig in die Höhe gebaut und haben einen Durchmesser von etwa 3 Metern und eine Höhe von ca. 1 Meter. Sie beide bieten auf engstem Raum unterschiedliche Bedingungen für die gepflanzten Kräuter.

Oben, am sonnigsten Platz der Spirale, ist der Boden sehr mager und sandig. Diese Stelle eignet sich somit sehr gut für sonnenhungrige Mittelmeerkräuter. Weiter abwärts wird der Humusgehalt des Bodens immer größer, sodass ideale Wachstumsbedingungen für die unterschiedlichsten Anforderungen der Kräuter erreicht werden.

Für den Hausgarten kann am Anfangspunkt der Spirale ein kleiner Teich angelegt werden, um auch der Brunnenkresse ein Wohlfühlplätzchen zu bereiten, und weil eine (wenn auch kleine) Wasserfläche einfach ein tolles Biotop bildet.

Bei unserem Kräutergarten haben wir darauf verzichtet, denn der kleine Teich am Kräutermarkt und die beiden großen am Kundenzentrum bieten bereits wunderbare Lebensräume für vielfältiges Leben. Verzichtet haben wir außerdem auf einen Anfang der Kräuterspirale mit gewachsenem Boden, um jeglichen Unkrautbewuchs zu dezimieren. Beide Kräuterspiralen beginnen mit einer sehr dünnen Schicht Humus. Die Drainageschicht aus

Die rechte Kräuterspirale, mit blühendem Schnittlauch in unterschiedlichen Farbtönen.

Kalkgestein unter den Spiralen befindet sich dicht unterhalb der Humusschicht. Der innere Kern beider Spiralen besteht aus dem gleichen Material von Kalkschotter kleiner bis mittlerer Größe.

In der Kräuter Welt konnten wir hervorragend geeignete größere Kalksteine für den Aufbau verwenden. In die Spalten setzten wir sofort verschiedene Steinpflanzen, z. B. Hauswurz und Mauerpfeffer. Das lässt sich später nur noch schwierig bewerkstelligen, weil die Wurzeln zur besseren Winterhärte zwischen den Steinen in Lehmboden eingefüttert sein sollten.

Als Bepflanzung für Ihren eigenen Garten können Sie einfach Ihre Lieblingskräuter verwenden. Es gibt sogar Anleitungen für ein „Schmetterlingsparadies“ oder ein „Wildbienen-Eldorado“, die sich wunderbar mit dem Anbau von Küchenkräutern kombinieren lassen. Oregano schmeckt den meisten, Thymian ebenso; die Wahl einer Sorte dürfte nicht allzu schwerfallen. Suchen Sie schwach wachsende Sorten aus, die in den begrenzten Gebieten nicht sofort überbordend wachsen. Wichtig ist auch, dass Sie Wucherer wie die Minzen verbannen oder zumindest eingrenzen, und dass allzu Wüchsiges wie Beifuß oder Liebstöckel draußen bleibt!

Die beiden Spiralen in unserem Kräutergarten – der Platz hatte sich durch Form und Größe für zwei optisch ineinanderlaufende Spiralen angeboten – haben wir mit Kräutern bepflanzt, die Besuchern ins Auge springen sollen. Die beiden Sorten der Indianernessel sind mit ihren ungewöhnlichen Blüten absolute Hingucker, und ihre Verwendung als Teepflanze erstaunt viele. Rotes Strauchbasili-

Die linke Kräuterspirale, mit blühender Indianernessel, Currykraut und Basilikum.

Olivenkraut – wie der Name verspricht, hat es ein intensives Olivenaroma.

kum (ab Mitte Mai) und besondere Spezialitäten wie Griechischer Bergtee und Olivenkraut machen neugierig, Lavendel und Currykraut wirken schon allein durch ihr silbriges Laub dekorativ. Zusammen mit der Amerikanischen Berg-Minze, dem Staudenborretsch und einigen anderen befinden sie sich in der ersten Spirale.

Leider sind die interessante rotlaubige Japanische Petersilie und die Italienische Petersilie durch gefräßige Schnecken ständig gefährdet.

Alle Pflanzen beider Kräuterspiralen sind auf Tafeln unterhalb der Wiese mit botanischem und deutschem Namen und Standort in der Spirale aufgeführt.

In der zweiten Spirale befinden sich, in der nährstoffarmen und durchlässigen Lage im oberen Bereich, neben Rosmarin und Lavendel viele unterschiedliche Thymiansorten. Weiter abwärts findet man Römische Kamille, verschiedene Arten von Schnittlauch und Knoblauch – unterbrochen vom Ysop. In einer wiederum nährstoffreicheren Region weiter unten macht sich der Schildampfer enorm breit und unterdrückt leider die Bärwurz-Pflanze. Doch schmeckt dieser den Schnecken ohnehin zu gut und hat es daher in der Nähe der Wiese auch so bereits schwer. Im kleineren Garten wäre dies ein Fall für (das igelfreundliche!) Schneckenkorn. Auch ein Absammeln der gefräßigen Tiere hilft auf Dauer. Kaffeesatz ist eine hervorragende Kombination aus Nährstofflieferant und Schnecken-Stopp und bietet sich für uns auch deshalb an, weil wir ihn aus dem nahe gelegenen Restaurant beziehen können. Doch bei länger andauerndem Regen hilft selbst der beste Kaffee nicht gegen die lästigen Nacktschnecken! Schneckennematoden bräuchten wir allein für die Wiese in großen Mengen (siehe Seite 105).

Melisse und Estragon im unteren Bereich sind sehr wüchsig und können die benachbarten Pflanzen beeinträchtigen. Schnittsellerie führt aus diesem Grund ein eher kümmerliches Dasein.

BAUERNGARTEN UND BLÜTENMEER

Ein Spaziergang durch den Bauerngarten und die mit Blumen aller Arten üppig angelegten Felder des Kräutergartens ist zu jeder Jahreszeit ein sinnliches Vergnügen. Gut, im Winter schläft alles – hoffentlich unter einer Schneedecke – und das Frühjahr ist auf der Schwäbischen Alb eher spät dran und manchmal zwischendurch noch recht unwirtlich. Die Küchenschellen läuten das Jahr ein, dann leuchten die goldgelben Adonisröschen, und plötzlich sprießen in allen Wiesen die leuchtend gelben Schlüsselblumen – ab dann gibt es im Garten kein Halten mehr. Alles treibt aus dem Boden hervor, und wir Gärtner sollten am besten überall gleichzeitig sein, um zu pflanzen, zu säen und zu jäten. Die einmal angelegten wilden Wiesen um den Gehölzrand und den Landwirtschaftlichen Lehrpfad bringen nun wie von selbst ihre bunte Vielfalt hervor. In anderen Beeten wiederum säen wir Gärtner jedes Jahr neue Blumenmischungen aus, die innerhalb dieser kurzen Vegetationszeit eine unglaubliche Blüten- und Farbenfülle zeigen.

Für den Sommer werden Dahlien und sommerblühende Zwiebelpflanzen gesteckt. Einjährige Jungpflanzen, die wir jedes Jahr neu aussuchen, lassen den Garten immer wieder anders aussehen.

BAUERNGARTEN

Das Rosenrondell und vor allem das Themenbeet „Hildegard von Bingen“ gehen direkt in den Bauerngarten über. Durch den Blütenreichtum des Rosenrondells und der gemischten Bepflanzung im Bauerngarten, vor allem mit der hohen Engelwurz und weiteren Kräutern, wird eine optische Einheit hergestellt. Kleine verschlungene Wege laden Sie zum Schlendern und Genießen ein und führen dicht an allen Blumen und Kräutern vorbei, die traditionsgemäß gemischt gepflanzt sind. Interessanterweise stellt der Begriff des Bauerngartens historisch eine Erfindung des frühen 20. Jahrhunderts dar und wurde zunächst für damalige Schaugärten (allen voran Hamburg) und Schulgärten verwendet. Vor den Bauern hatten bereits Lehrer, Pastoren und auch Apotheker Gärten, die einem Bauerngarten recht nahe kamen. Eine idyllische und strukturierte Anlage, gemischt bepflanzt mit vielen typischen Blumen und Kräutern, Obstbäumen und evtl. Gemüse. Von einem Zaun begrenzt und mit einem Wegkreuz oder Rondell. Ursprüngliches Gartenglück und verführerische Fülle!

Romantisch – die Staudenwicke rankt am Gartentor nach oben.

Als Wegkreuz unseres Bauerngartens mit bepflanztem Rondell können die hohen Hopfenstangen gelten. Zum Ernten der Hopfenzapfen wird die Pflanze im Herbst heruntergeschnitten. Nur die weiblichen Exemplare des zweihäusigen Hopfens bilden die zapfenähnlichen Blütenstände aus. Hopfen ist Ihnen sicherlich bekannt als eine wichtige Zutat zum Bierbrauen. Hierfür werden spezielle Sorten angebaut, die für den Geschmack und die Haltbarkeit des Bieres eine wesentliche Rolle spielen.

Auch hier ist ein Trend in Richtung größerer Vielfalt zu spüren. Alte Hopfensorten werden wiederentdeckt und kultiviert. Die daraus erzeugten Biersorten sind geschmacklich sehr unterschiedlich.

Die Hopfenzäpfchen werden nicht nur zur Bierherstellung verwendet. Sie enthalten Wirkstoffe zur Beruhigung bei nervösen Störungen. Junge Triebe können Sie, in Salzwasser gegart oder in Butter gedünstet, als ein spargelähnliches, schmackhaftes Gemüse genießen.

Im Frühling beginnen im Bauerngarten die im Herbst gesetzten Zwiebelpflanzen wie Tulpen, Osterglocken und Traubenhyazinthen mit der Blüte. Die leuchtend gelbe Gämswurz und das Kaukasus-Vergissmeinnicht schließen

Das Tränende Herz, etwas geschützt und gestützt durch ein Weidengeflecht.

sich mit dem Blütenreigen an, das Tränende Herz folgt vorsichtig und wird durch das Weidengeflecht vor früher Morgensonne geschützt (und manchmal auch mit Gartenvlies gegen Spätfrost). Ab dann reißt bis zum Saisonende die Blütenfülle nicht ab. Niedrige oder hohe Blütenstauden und einjährige Blumen in ihren unterschiedlichen Blütenfarben, -formen und -zeiten bieten einen sich ständig ändernden, überwältigenden Anblick. Kräuter mit feinen Blättchen und kleineren Blütenständen, aber auch einige Sträucher und kleinere Bäume, übernehmen die Begleitung und leisten ihren Beitrag zur hier vorhandenen Duftvielfalt. Immer wieder werden Staudenarten in der Bepflanzung als künstlerisches Element wiederholt, um eine Blütenfarbe an anderen Orten wieder aufzunehmen. Größere Gruppen der einzelnen Arten sorgen für ein gutes Gesamtbild, das nicht zu unruhig wirkt.

Lassen Sie sich von den Kombinationen inspirieren, durch die Fotos oder noch besser bei einem Besuch. Suchen Sie sich Ihre Lieblingsblume aus oder genießen Sie einfach die Farben und das Flair des Bauerngartens. Der wartet mit den meisten Berühmtheiten des traditionellen Bauerngartens auf, bietet aber auch Besonderheiten, die gefunden werden wollen.

Das Tränende Herz ist z. B. solch eine berühmte Bauerngartenstaude. Die außergewöhnliche Blütenform lässt die Pflanze „altmodisch“ wirken. Im Bauerngarten ist die Staude traditionell nicht wegzudenken. Außerdem ist sie für viele eine Erinnerung an Kindheitstage und Muttertagssträuße. Auf der Alb sollten Sie das Tränende Herz möglichst an eine Stelle im Garten pflanzen, die vor Morgensonne und großer Kälte geschützt ist, z. B. vor einer Hauswand.

Lupinen beeindrucken in größeren Gruppen und gern auch in gemischten Farben.

Nelken verschiedenster Arten sind ebenso Tradition in den Bauerngärten. Die ausdauernde Pfingstnelke bildet im Bauerngarten der Kräuter Welt mit ihren silbrigen Blättern eine hübsche „Matte" mit herrlich duftenden, pinkfarbenen Blüten. Am schönsten wird sich diese Art auf durchlässigem, magerem Boden und bei voller Sonne entwickeln. Noch intensiver im Duft ist jedoch die Prachtnelke.

Wenn Sie durch das immer geöffnete Holzgartentor im Bauerngarten den hinteren Teil des Gartens betreten, werden Sie während der Blütezeit dieser – mit ihren ausgefransten rosa Blütenblättchen eher unscheinbaren – Nelke in einen intensiven Nelkenduft gehüllt.

Die hübsche Staudenwicke duftet leider im Gegensatz zu den einjährigen Duftwicken nicht. Dafür ist sie sehr genügsam und wächst jedes Jahr zuverlässig aufs Neue und schmückt wunderschön Zäune oder Spaliere. Achtung, die Blüten sind nicht essbar!

Auch die Blüten der Lupinen sind nicht zum Verzehr geeignet. Sie gehören wie die Wicken zu den Schmetterlingsblütlern. Die Pflanzen dieser Familie können mithilfe von Bakterien Stickstoff aus der Luft binden. Darum wachsen Lupinen auch in mageren Böden, die aber nicht zu nass sein sollten. Besonders eindrucksvoll wirken die üppigen Blütenkerzen dieser alten Bauerngartenstaude auch in größeren Gruppen. Ein Tausch der Sämlinge „über den Gartenzaun" bietet sich an. Früher haben die Bauerngärten so wesentlich zur Verbreitung der Pflanzen beigetragen.

Rittersporn ist eine herrlich dekorative und herausragende Bauerngartenpflanze. Er benötigt nahrhaften Boden und möglichst volle Sonne. Nach der Hauptblüte wird er auf ca. 30 Zentimeter zurückgeschnitten, bekommt eine Düngergabe und kann so im Herbst eine zweite Blüte hervorbringen. Karl Förster, ein berühmter Staudenzüchter, spricht von einem „jubelnden Licht der Blütentürme in unterschiedlichem Blau" – und beschreibt damit unnachahmlich die Wirkung dieser hohen Schmuckstaude.

Achtung, Schnecken lieben Rittersporn! Sortenechte Rittersporne der Staudengärtnereien sind zumeist langlebiger und stabiler als aus Aussaaten stammende Exemplare. Es gibt auch niedrigere Sorten, die Sie nicht unbedingt abstützen müssen. Ritterspornblüten sind nicht essbar!

Hoher Rittersporn, hier in einem hellvioletten Farbton.

Hoher Stauden-Phlox wirkt herrlich in größeren Gruppen und verschiedenen Farbtönen kombiniert.

Als „Rittersporn für den Halbschatten“ kann Blauer Eisenhut empfohlen werden, dessen Blütenstände beinah ebenso eindrucksvoll werden können. Im Bauerngarten der Kräuter Welt wachsen der Blaue und der selten im Garten gepflanzte Gelbe Eisenhut. Die Blüte der Eisenhutarten sieht aus wie der Helm eines Soldaten, daher der Name. Alle Pflanzenteile vom Eisenhut sind äußerst giftig!

Vor einiger Zeit haben wir den Wurzelstock von einigen Eisenhut-Mutterpflanzen geteilt, um diese zu vermehren. Nach einer Weile schauten wir uns in die Augen und stellten fest, dass unsere Pupillen vergrößert waren!

Früher benutzten die Frauen geringste Mengen der Tollkirsche, um auf diese (sehr gefährliche) Art ihre Pupillen zu vergrößern und damit schicker und verliebt auszusehen. (Ich hoffe sehr, dass die Frauen früher nie Eisenhut ausprobiert haben!)

Hoher Stauden-Phlox im Bauerngarten ist fast ein Muss. Karl Förster sagt: „Ein Garten ohne Phlox ist ein Irrtum.“ Zur Blütezeit entdecken Sie die luftigen und duftenden Blütenbüschel in verschiedenen rosa, violetten und weißen Tönen an vielen Plätzen im Bauerngarten und in der gesamten Kräuter Welt. Hoher Stauden-Phlox ist durch Züchtungen und Auslesen in vielen Sorten erhältlich, die eine eventuelle Wahl schwer machen. Sie sollten möglichst von Staudengärtnern empfohlene Sorten setzen, die wenig anfällig gegen Pilzkrankheiten sind. Suchen Sie einen möglichst sonnigen Standort aus und setzen Sie die Pflanzen nicht zu eng.

Roter Scheinsonnenhut, eine dankbare und langlebige Pflanze im Garten.

Polster-Phlox ist ein verwandter, ähnlich bunter, niedriger Frühlingsblüher. Im Kräutergarten fällt er am Marktplatz auf, wenn er als leuchtend blühende „Matte“ an einigen Steinen herunterwächst.

Sie können alle Phlox-Blüten essen und als duftende Dekoration verwenden.

Schafgarbensorten in gemischten Tönen von Rosa, Rot und Weiß bis Gelb kommen besonders in größeren Feldern zur Geltung und sind sehr dankbare Schnittblumen. Die bitteren Blüten sind zwar essbar, die Zuchtformen haben jedoch nicht den gesundheitlichen Wert als Teepflanze wie die Echte Schafgarbe.

Der Rote Scheinsonnenhut (*Echinacea purpurea*) ist im Bauerngarten ebenfalls eine prächtige Blütenstaude. Viele neue Sorten, mit weißen, orangen oder roten Blüten, können nach Lust und Laune kombiniert werden. Als Heilpflanze sind jedoch die ursprünglichen Arten des Körperbeetes zu verwenden.

Mohn versprüht in zwei schönen Stauden-Zierformen sein Leuchtfeuer zu unterschiedlichen Zeiten im Bauerngarten. Die Montbretie und die rote Staudenlobelie ergeben miteinander ein „Feuer“ von Farbe. Leider sind beide nicht zuverlässig winterhart auf der Alb und müssen eventuell im kommenden Jahr neu gesetzt werden, um dieses Feuer erneut zu entfachen.

Viele verschiedene Blautöne sind mit den Blütenrispen von Gamander- und Kandelaber-Ehrenpreis vertreten. Auch der dankbare Garten-Salbei und der eher unbekannte Schopf-Salbei leuchten in diesen Farben.

Schopf-Salbei ist ein einjähriger Salbei, doch sorgt er für genügend „Nachkommen“, wenn nicht allzu gründlich Ordnung geschaffen wird. Die kräftige Farbwirkung wird durch

Schopf-Salbei ist ein eher seltener Gast in den Gärten.

Kaukasus-Storchschnabel bildet den Vordergrund für ein harmonisches Bild.

Die Mispel, vitaminreiche Frucht eines kaum mehr gebräuchlichen Obstbaumes.

die lilafarbigen Hochblätter erreicht, die Blüte selbst ist eher unscheinbar.

Glockenblumen verschiedenster Arten sind beliebte Schönheiten in den Bauerngärten und bei uns mit der enzianblauen Knäuel-Glockenblume, aber auch mit einer hellrosa blühenden Kaukasus-Glockenblume vertreten. Der Sommer-Enzian in der Nähe zeigt uns das echte Enzianblau.

Das Blau des Kaukasus-Storchschnabels harmoniert wunderbar mit Gelb- und Orangetönen der Taglilien. Beide Staudenarten sind sehr dankbare Dauerblüher und benötigen kaum Pflege. Sie dürfen beide gern kräftig nach der Blüte zurückgeschnitten werden. Mit dem Alter wachsen die Pflanzen zu großen Beständen heran, die eher verkleinert werden müssen.

Durch das hohe, leuchtend gelb blühende Sonnenauge, den hohen Sonnenhut und die hellgelben Stauden-Sonnenblumen wird im späteren Sommer plötzlich Gelb zur vorherrschenden Blütenfarbe in bestimmten Bereichen der Kräuter Welt – als ob das Sonnenlicht an vielen Stellen des Bauerngartens nochmals richtig aufleuchten soll.

Astern aller Arten können Sie als Kontrast dazu entdecken, die hohen Raublatt-Astern im Bauerngarten in violetten Tönen, Glattblatt-Astern und Berg-Astern in Blau an manchem Wegesrand. Die meisten Sorten sind herrlich in Blumensträußen zu verwenden, die Blüten sind essbar, geschmacklich jedoch nicht herausragend.

Die späte Blüte der Winterastern, botanisch *Chrysanthemum*, wird im Herbst häufig durch frühe Nachtfröste abrupt beendet, wie auch die der hübschen rosa blühenden Herbst-Anemonen.

Eine Mispel finden Sie am Rand des Bauerngartens und in der Nähe des Spielplatzes. Sie ist ein nur noch sehr selten gepflanzter Obstbaum. In früheren Zeiten wurde die Frucht als Vitaminlieferant für den Winter sehr geschätzt. Sie wird schon seit alters her zur Regulierung der Darmtätigkeit empfohlen. Die Früchte kommen im späten Herbst zur Reife und werden erst verarbeitet, wenn sie ganz weich sind. Kompott und Marmeladen sowie Obstwein lassen sich daraus bereiten.

Zwischen all den Blütenstauden finden Sie Kräuter wie Schnittlauch, Pfefferminze oder Eberraute – vom bäuerlichen Garten können sie direkt auf den Tisch gebracht werden. Diese Kombination von Kräutern und Blühendem macht den Reiz eines Bauerngartens aus. Doch solch ein Garten bedeutet viel Arbeit. Wenige Menschen haben heutzutage den Platz und die Zeit oder überhaupt das Interesse dafür. Üppig bepflanzte Bauerngärten sind daher leider selten geworden.

SCHNITTBLUMENFELDER

Im Gartenplan werden beide Beete 9 als Schnittblumenfelder bezeichnet und bilden miteinander im Kräutergarten ein Blütenmeer unterschiedlichster Farben und Formen mit dem Höhepunkt im Sommer und Spätsommer. Mit Stauden bepflanzte Wegränder und verschiedene Beete mit Blumenaussaaten sind weitere Blüteninseln, die reichlich Farbe in den Garten bringen.

Das hauseigene Restaurant wird mit frischen Blumen zur Dekoration auf den Tischen versorgt, sobald die Saison dafür beginnt. Besondere Veranstaltungen und Kochshows brauchen floristische Einfälle zur Gestaltung. Unsere Floristinnen binden eine große Zahl von Blumensträußen zu verschiedenen Anlässen. Kleinere Sträuße mit Blüten und Kräutern werden je nach Saison kombiniert und im Kräutermarkt angeboten, größere Blumensträuße sollten Sie rechtzeitig bestellen.

Das große Schnittstaudenfeld ist großzügig bepflanzt mit geeigneten Blütenstauden unterschiedlicher Farben und Blütezeiten, sortenweise in einzelnen größeren Abschnitten. Pfingstrosen wirken prachtvoll durch ihre großen Einzelblüten in Sträußen und auch in dieser großen Anzahl, wie sie bei uns im Beet vorkommen. Die Hohe Steppen-Iris (*Iris spuria* 'Premier') in der Nähe hat ein wunderschönes Blau, ebenso wie Rittersporn und Steppen-Salbei. Eine ganz andere Art Blau zeigt dagegen die Kugeldistel mit ihren auffälligen stahlblauen Kugeln. Wenn Sie Trockensträuße mögen, ist diese Art darin hervorragend geeignet. Ebenso das Brandkraut mit seinen gelben Blüten, die eine ungewöhnliche Form aufwei-

Gelber Sonnenhut, bekannt durch die leuchtend gelbe Blüte mit schwarzem „Hut".

KRÄUTER WELT-REZEPT

Geschenkideen

Mit der großen Auswahl an essbaren Blüten und Kräutern können Sie wunderschöne Geschenke zusammenstellen. Schon kleine gebundene Kräutersträuße mit Pfefferminze, Salbei, Melisse und Zitronen-Verbene, gemischt mit auffälligen, essbaren Blüten wie Indianernesseln oder Rosen, sind hübsche Geschenke für die Vase und gleichzeitig für die Teekanne oder den Salat. Vielleicht mit angefügter Rezeptidee?

Die „Torte" auf dem Foto ist das gelungene Werk einer Floristin. Der innere Kern besteht aus zugeschnittener und gewässerter Steckmasse. Der Dekorfilzstoff zum Einwickeln verdeckt diese und den Untersetzer darunter (im Floristenbedarf erhältlich). Durch den feuchten inneren Kern bleibt die Torte lange haltbar. Am besten verwenden Sie Blüten mit einem stabilen und nicht zu kurzen Stängel. Aufgestellt auf einem Tortenteller oder mit Tortenpapier wirkt sie besonders gut.

Durchaus können Sie natürlich auch mit einer Blütendekoration auf echten Torten für Überraschung sorgen. Oder Schokoladenpudding mit Gänseblümchen dekorieren, die ja bekanntlich glücklich machen!

„Das Gärtnern ist meine Leidenschaft.
Mit **Obst & Garten** komme ich prima
durch das Gartenjahr, allein schon
dank des monatlichen Arbeitskalenders."
Obst&Garten
Obst&Garten
Gemeinschaftsgärten
Gemüseernte
Bild / fotolia.com
Telefon: 0711 4507 - 105 / leserservice@ulmer.de
www.obst-und-garten.de/testabo
Ulmer

Ein Taubenschwänzchen saugt an der Blüte einer Tithonie.

sen. Die zierenden Fruchtstände dieser nur wenig bekannten Schnittstaude lassen wir den Winter über stehen, sofern möglich.

Herrlich in dieser großen Menge anzusehen ist der Gelbe Sonnenhut, hier mit der Sorte 'Deamii'. Ebenso im Spätsommer bemerken Sie die großblütige Stauden-Sonnenblume und das dankbare Sonnenauge als weitere gelbe Farbtupfer. Das Mannsblut, ein großblütiges Johanniskraut, ist mit seinen leuchtend gelben Blüten und vor allem den roten Fruchtständen in herbstlichen Sträußen hochwillkommen.

Früher im Jahr sind rote Indianernesseln und Spornblumen für rote Farbkleckse im Strauß hervorragend geeignet. Sie dekorieren auch als essbare Blüten ein Büfett in prächtiger Weise. Auch die einjährigen und mehrjährigen Sonnenblumen gelten als essbare Dekoration, ebenso Astern in verschiedenen Sorten und früh blühende, winterharte Sorten von Winterastern.

Phlox und Astern, gemischt mit Rhabarber und „Einwanderern" wie den Malven, sind blühende Wegabgrenzungen zum Gemüsebeet. Der hohe Weiße Steinklee hilft vielleicht ein wenig gegen Mäuse, die zu einer richtigen Plage werden können! Manchmal darf auch der Klatschmohn wuchern und die Fotografen begeistern!

Das Beet vor dem Gewächshaus ist den einjährigen Sommerblumen vorbehalten und in vier Abschnitte eingeteilt.

Einen Abschnitt davon bepflanzen wir ab Mitte Mai mit Jungpflanzen von Löwenmäulchen, Skabiosen, Astern, Nelken, Zinnien und vielen weiteren Arten. Wir treffen jedes Jahr eine neue Auswahl, und immer wieder sind

Bunte Blumenwiesen machen einfach Spaß und sind gleichzeitig nützlich.

interessante Neuheiten und Besonderheiten dabei. Dadurch bleiben auch die Blumensträuße spannend!

Die anderen drei Abschnitte sind für direkte Aussaaten vorgesehen, die wir ab Mai in dem vorbereiteten Boden vornehmen. Für eines der Viertel verwenden wir üblicherweise die hier in der Gegend berühmte Saatgutmischung „Mössinger Sommer".

Vor etlichen Jahren hatte der Mössinger Stadtgärtner Felger die Idee, Verkehrsinseln und andere freie Beete innerhalb der Stadt Mössingen mit einer Spezial-Saatgutmischung zu begrünen. Durch die auffällige Blütenfülle in der Stadt wurde Mössingen zur Blumenstadt.

Für die anderen beiden Viertel fällt uns die Wahl sehr schwer, da die Auswahl an Mischungen im Angebot der Samenhandelsfirmen riesig ist.

Es ist schön zu beobachten, dass sich viele für den bunten Weg der Blumenwiesen entscheiden und die tolle Kombination von Schönheit und Naturschutz in ihrem Garten ausbringen. Die hübschen Blumen bieten gleichzeitig Nahrung für Vögel, Schmetterlinge und Bienen. Neben buntem Blütenwunder lassen sich Farbzusammenstellungen oder unterschiedliche Wuchshöhen auswählen, für den Balkon oder die Wiese. Meist sind es einjährige Sommerblumenmischungen, die jedes Jahr erneut ausgebracht werden und die gesamte Saison über blühen. Sie sollten sich allerdings nicht auf eine Selbstaussaat für ein weiteres Jahr verlassen – die „Stärkeren" können die anderen Blumen am Wachstum hindern und zu einer unausgewogenen Mischung führen.

Mehrjährige Zusammenstellungen müssen aus heimischen Arten bestehen, wenn diese für die Natur wirklich sinnvoll sein sollen. Die Anlage einer Wildblumenwiese in größerem Stil muss gut vorbereitet werden – vor allem, wenn sie wichtigen Zielen wie dem Naturschutz oder dem Wildbienenvorkommen dienen soll.

Nachdem wir Gärtner und Gärtnerinnen häufig gefragt werden, wie die Aussaat gelingt, folgt nun gleich eine Erklärung: Der Boden für die jeweilige Mischung sollte gut vorbereitet und einigermaßen unkrautfrei sein. Es ist nicht sinnvoll, das Saatgut in eine Wiese zu säen, da sich hier nur wenig durchsetzen kann. Die Enttäuschung über die Blütenarmut wäre vorprogrammiert. Wir spritzen nicht gegen Unkraut, auch nicht in Beeten zur Vorbereitung! Wir fräsen den Boden. Unkräuter wie Kratzdistel, Knöterich und viele andere lassen sich dadurch aber nicht beirren. Um jäten zu können, säen wir in Rillen mit relativ breitem Abstand dazwischen, da wir immer noch nicht über die Beete „fliegen" können. Mit der Zeit wachsen die Blumensaaten sehr schön zusammen. Die Abstände sind dann kaum noch sichtbar. Wenn das Beet schmal ist, bietet sich ein breitwürfiges Säen an. Das gilt ebenfalls für die Ausbringung von Gründünger, der nach einer Weile untergearbeitet wird.

Für etliche Bereiche des Gartens mit wechselnder Bepflanzung sind Aussaaten mit Gründüngungspflanzen oder auch Blumenmischungen eine sehr gute Möglichkeit, Fruchtfolgen einzuhalten und Veränderungen vorzunehmen. Ein Garten ist immer im Wandel begriffen. Erdbeerfelder müssen wandern, Kartoffelbeete ebenso, dafür können Sie dann an dieser Stelle Kornblumen oder die hübsche Cosmea in unterschiedlichen Farben bewundern.

Tagetes, Inkarnat-Klee oder die Gründüngungspflanze Bienenfreund zaubern bunte Bilder in den Garten und tun gleichzeitig Boden und Bienen gut!

WILDE WIESEN UND BESONDERE PLÄTZE

Wilde Wiesen unterschiedlichen Charakters bilden vor allem im Westen und Norden den Rahmen des Kräutergartens. Der Gehölzrand im Westen des Gartens birgt schöne Magerwiesen und interessante Sträucher und Bäume. Wir belassen ihn jedoch aus pflegetechnischen und Vogelschutz-Gründen ohne Wegführung. Bis auf die Brache unterhalb des landwirtschaftlichen Lehrpfades mähen wir alle Wiesen mindestens einmal im Jahr, um die Artenvielfalt zu erhalten und zu vergrößern. Die Brache wird den Winter über ungemäht belassen, die Vögel sind dankbar für die nahrhafte Wilde Karde. Alle Körner und Samen der heimischen Pflanzen sind eine wichtige Vogelnahrung für den Winter.

Durch Verwendung von Spezialsaatgut heimischer Arten sind die Wiesen für den Naturschutz hervorragend geeignet und mit ihrem Artenreichtum für Insekten, Wildbienen und Schmetterlinge ein gern besuchtes Paradies.

Das Wildbienenhaus, in der Nähe des Gewächshauses an der Duft- und Färbewiese kürzlich gebaut, wird sehr gut angenommen. Beim Aufbau eines solchen Bienenhauses sollte man auf einiges achten: bitte Hartholz verwenden und nicht ins Stirnholz, sondern seitlich ins Holz bohren, dann unterschiedlich große Bohrlöcher bereiten und glatte Eingangslöcher feilen. Am Standort sollte eine Ausrichtung nach Süden erfolgen. Wir bedanken uns an dieser Stelle für die Hilfe des Wildbienen-Spezialisten Dr. Paul Westrich (www.wildbienen.info).

Rainfarn breitet sich in der Duft- und Färbewiese stark aus, ergibt aber ein herrliches Bild zur Blütezeit. Er ist eine alte Heilpflanze (Dosierung beachten!), und kann zur Vertreibung von Mücken und Flöhen verwendet werden. Früher wurde er auch als Färbepflanze für Gelb gebraucht. In der Wiese können Sie das weiße Kleine Mädesüß entdecken, in

Das Haus mit Nisthilfen für Wildbienen wird viel besucht und gut besiedelt.

den Randbereichen das Weiße und das Echte Labkraut, das zur Käseherstellung eine wichtige Rolle spielt und intensiven Duft verströmt. Leuchtend pinkfarbene Karthäuser-Nelken und die wunderbar duftende Pracht-Nelke bitten um Aufmerksamkeit.

In diese Wildwiese mähen wir in manchen Jahren einen Weg hinein, die Höhe und Stabilität des Rainfarns erleichtert die Anlage. Gern läuten dann Kinder eine in der Mitte aufgestellte große Glocke.

Brennnesseln wachsen am Fuß eines Zierapfels am Holzgartentor, worüber sich viele Schmetterlingsraupen sicherlich freuen. Wer Schmetterlinge im Garten möchte, muss auch Raupen tolerieren. Eine kleine, ungepflegte Ecke wäre in jedem Garten für viele Insekten eine große Hilfe!

Zu unserer Freude hat sich eine wichtige Heilpflanze am Zierapfel angesiedelt: eine Mistel. Die hellen „Kugeln" an den Mistelstücken, die im Advent zur Dekoration angeboten werden, enthalten im klebrigen Inhalt den Samen. Davon haben wir etliche an ein paar Zweige „geschmiert". Einer davon hat sich nun zu einer kleinen Pflanze entwickelt.

Die Mistel wird z. B. (in geringster Dosierung) bei nervösen Herzstörungen und auch in der Krebstherapie angewandt. Sie galt schon im Altertum und bei den Kelten als Wundermittel. Nun brauchen wir nur noch eine goldene Sichel, mit der sie der Sage nach geerntet werden muss ...

Ein geeignetes Haus für die Echten Bienen (Honigbienen) befindet sich am Wegrand in der Nähe des Rosenrondells. Während der Saison bringt ein Imker ein kleines Bienenvolk, das hinter einer Scheibe bei der Arbeit im Bienenstock beobachtet werden kann – eine tolle Attraktion. Dazu liefern Schautafeln interessante Informationen über Honigbienen.

Weiter in Richtung Weidenpavillon und bis zum Rand des Heckenbereiches (Beet 3) dominieren in der Wiese Wilder Majoran und Johanniskraut, gemischt mit Malven, Goldruten, Zittergras und vielerlei Kräutern. Auch ein Blütenmeer, in dem es nur so summt und

Rainfarn prägt den Gesamteindruck einer der wilden Wiesen, und gibt Stabilität für ein kleines Labyrinth, einen Weg durch die Wiese als Attraktion für Kinder.

Distelfinken, auch Stieglitze genannt, lieben die Wilde Karde als Nahrungspflanze.

brummt! Acker-Kratzdisteln und Karden sind von den Insekten sehr begehrt (von uns Gärtnern aber nur in Maßen). Leider haben wir bisher noch keine Silberdisteln ansiedeln können – dafür wachsen Golddisteln in der Nähe des Wildbienenhauses.

Der im Jahr 2008 von einer Spezialfirma errichtete Weidenpavillon ist eine ganz besondere Oase im Garten. In Kindergärten und Schulen werden häufig kleinere Varianten der Weidenbauten errichtet. Wenn Ihnen ein solcher Weidenbau gefällt, ist der Aufwand unter Umständen gar nicht so groß.

Passende Zweige für Weidenbauten werden im frühen Frühjahr geschnitten und in vorbereiteten Boden gesteckt, am besten in einen Graben, der über den unteren Abschnitten der Zweige zugeschüttet und gut festgetreten wird.

Für den großen Pavillon des Kräutergartens mussten die starken Äste gut verankert werden. Die langen Zweige wurden in weiten Bögen herübergeführt und miteinander verbunden, eine Metallkonstruktion im Inneren stabilisiert die Bogenführung.

Inzwischen haben sich die Äste des Weidenpavillons gut verwurzelt. Die ersten Jahre musste gut gewässert werden, bis die Bewurzelung in größere Tiefen gedrungen ist.

Für diesen Pavillon wurden drei verschiedene Weidenarten verwendet, deren Zweige auch im Winter farblich einen hübschen Kontrast bieten. Im Herbst binden wir die Segmente wieder mit Kokosstrick zusammen. In Bereichen mit wenig Licht ist ein Wachstum schwierig, deshalb müssen Äste in kahlere Bereiche umgeleitet werden. Ohne Regulierung würde der Pavillon innerhalb kurzer Zeit zu einem unförmigen Gestrüpp heranwachsen.

Im Frühling, mit dem zarten Grün der sprießenden Blätter, bietet der Pavillon einen herrlich frischen Anblick – wie ein riesiger umgedrehter Osterkorb.

Im Sommer ist dieser Platz unter dem Weidenpavillon einer der wenigen Schattenplätze im Kräutergarten – und von angenehm luftiger Atmosphäre. Häufig sitzen hier Besucher zum Picknick oder Mitarbeiter zur Mittagspause. Blumenkörbe mit Duftgeranien und sonstigem Sommerflor sollen mit ihrem Duft lästige Plagegeister von Mücken vertreiben und das Plätzchen noch verschönern.

Der Weidenpavillon im lichten Muster des frühen Frühlings.

ALB-GOLD-NUDELREZEPT

Nudelpuffer mit Blütendip

Zutaten für 4 Personen:

Für den Blütendip:
300 g Frischkäse (Doppelrahmstufe)
1–2 EL Sahne
ca. 1 TL Ahornsirup
2 Handvoll essbare Blüten
Salz
Blüten zur Dekoration

Für die Puffer:
250 g ALB-GOLD-Sternchennudeln
8 Stängel Zitronen-Thymian
4 Eier
100 ml Sahne
Salz, Pfeffer
2 EL Öl

Blütendip:
- Frischkäse, Sahne und Ahornsirup mischen.
- Die Blüten abpusten, Blütenblättchen abzupfen und vorsichtig in den Dip mischen. Mit etwas Salz abschmecken.

Puffer:
- Nudeln in reichlich Salzwasser knapp bissfest kochen, dann abgießen.
- Zitronen-Thymian waschen, trocken schütteln und Blättchen abzupfen. Eier mit Sahne und Thymian verquirlen und mit Salz und Pfeffer würzen. Nudeln unterheben.
- Öl in einer Pfanne erhitzen. Pro Puffer jeweils 2 EL der Nudelmasse hineingeben. Die Puffer bei mittlerer Hitze von beiden Seiten goldbraun ausbacken.
- Puffer zusammen mit dem Dip anrichten und mit Blüten dekoriert servieren.

Das hübsche orangerote Habichtskraut breitet sich gern aus und kann sogar lästig sein.

Der Heckenbereich, Beet 3, ist mit verschiedenen Schattenstauden und Gehölzen wie Weißdorn, Aronie und Pfaffenhütchen bepflanzt und hat einen eher wilden Charakter.

Wiesen- und Wald-Storchschnabel, Wilde Pastinake und Wolfsmilch, Gelber Salbei und der Gelbe Eisenhut sind heimische Waldpflanzen, die in einem Privatgarten lästig werden können. Im Kräutergarten ist dies ein wichtiger Lebensbereich. Die Bepflanzung lässt sich jedoch nicht wirklich „sortieren". Eine straffe Ordnung passt aber auch nicht zum natürlichen Charakter eines Gehölzrandes. Doch dies ist ein Standort für etliche weitere, interessante Wildstauden, wie den Schwalbenwurz-Enzian, der zur Blütezeit durch sein leuchtendes Blau auffällt, und den ebenso blauen Steinsamen. Am Wegrand wartet die Dolde der Wilden Möhre und lockt unzählige Fliegen zur Bestäubung.

2016 durften wir in der Felsensteppe gegenüber die große, wärmeliebende Prachtkerze mit ihrer riesigen Blütenkerze erleben. Die Felsensteppe ist inzwischen eine gelungene Mischung verschiedener Pfingstrosensorten mit heimischen Pflanzen, wie z. B. dem Natternkopf, Malven, dem Quirlblättrigen Salbei und dem Hasenohr – um nur einige zu nennen. So ergibt sich ein buntes Bild einer Mischung gepflanzter, trockenheitsverträglicher Zier- und Wildstauden mit angesiedelten sonnenhungrigen und kurzlebigen Blütenpflanzen vielerlei Arten und Farben. Ein gärtnerischer Eingriff dient hier, neben dem Jäten unerwünschter Wildkräuter, einer Regulation von überaktiven und eher schutzbedürftigen Pflanzen. Und diese sollte möglichst frühzeitig im Jahr erfolgen, denn später „explodiert" dann das Wachstum der Pflanzen. Der zweijährige Natternkopf, eine heimische

Natternkopf prägt dieses Beet, eine große Vielfalt belebt es.

Wildpflanze, prägt das Beet mit seinem himmlischen Blau.

Die hier gepflanzten Pfingstrosen sind sehr langlebige Stauden und möchten am gleichen Platz verbleiben. Über viele lange Jahre sind sie dankbar über nahrhaften Boden und werden dann immer fülliger. Eine empfindliche Strauch-Pfingstrose schützen wir im Winter und vor Spätfrösten mit Gartenvlies. Vielleicht dankt sie es uns einmal mit ihrer wunderbaren Blüte.

Die Felsensteppe geht über in einen treppenartig aufgebauten Steinring hinter dem Marktpavillon. In dem „unwirtlichen" Steinstandort behaupten sich nur wenige Pflanzen, wie die Walzen-Wolfsmilch, verschiedene Thymiansorten oder auch das niedliche, lila blühende Zimbelkraut.

Das Halbmondbeet, das trennende Beet zwischen Marktplatz und Spielplatz, ist dagegen eine wohlsortierte Pflanzung mit Kletterrosen und Clematis, begleitet von Pfingstrosen, Frühlingsblühern und Kräutern. Dankbarer Garten-Salbei und der üppige Kaukasus-Storchschnabel lassen dieses Beet beinah durchgehend blühen. Mohn und Akelei dürfen sich hineinmischen, ungewollte Lücken werden mit Stiefmütterchen oder passendem Sommerflor gefüllt – je nach Saison.

Malven begleiten eine Sitzgelegenheit, die von Eltern mit spielenden Kindern gern angenommen wird.

Am Verkaufsglashaus befindet sich ein kleiner Teich, der eine große Anziehungskraft auf allerlei Wassergetier hat. Hier können Sie Frösche beobachten und im Sommer ihren lauten Konzerten lauschen. Unzählige Molche tauchen auf, und Libellen verschiedener Arten werden vom Wasser magisch angezogen. Ein Wasserparadies mit gelb blühenden Seerosen und Laichkraut, gelber Sumpf-Iris und Blut-Weiderich. Das feuchtigkeitsliebende Echte Mädesüß liebt solche Standorte. Die Pflanze enthält Salicylsäure-Verbindungen,

Romantisches Plätzchen im Garten mit Malvenbegleitung.

die die Vorstufen der Acetylsalicylsäure sind. Diesen Stoff kennen wir unter dem Handelsnamen Aspirin.

Dieser Teil des Gartens setzt sich im weiteren Verlauf bis zum hinteren Zaun mit Wiesenbereichen und dem landwirtschaftlichen Anbau fort.

Die beispielhaft mit Apfel- und anderen Obstbäumen bepflanzte Streuobstwiese betont mit ihrer Artenvielfalt die wichtige Bedeutung dieser naturgemäßen Art des Obstanbaus. Noch sind Streuobstwiesen im Neckartal und am Albtrauf verbreitet und gehören zum prägenden und schützenswerten Landschaftsbild. Die Pflege der Bäume und Wiesen ist jedoch sehr arbeitsintensiv.

Durch intensiven Naturschutz und das Angebot von speziellen Produkten, wie Apfelsaft oder Spirituosen aus alten Obstsorten, werden mehr Menschen auf die Bedeutung der Streuobstwiesen aufmerksam und können eine Erhaltung unterstützen.

Auf der Schwäbischen Alb ist Obstanbau jedoch schwierig, ertragreichere Anbaugebiete gibt es am Bodensee oder im Neckartal. Im kalten Trockental des Kräutergartens werden die Bäume zu windzerzausten Charakteren mit besonderer Ausstrahlung.

GEMÜSE- UND GETREIDEVIELFALT

Im Kräutergarten versuchen wir, eine große Vielfalt an Kulturpflanzen zu zeigen. Wir möchten alte Gemüsesorten anschaulich in Erinnerung bringen und Ihr Interesse wecken, Ungewöhnliches oder fast Vergessenes im Garten oder in der Küche auszuprobieren.

Im Gewächshaus pflanzen wir ab Mitte Mai. Die Eisheiligen sind hier unsere wichtigste Datumsgrenze. Tomaten und Gurken, Paprika und Peperoni, Auberginen und empfindliche Kräuter wie Basilikum, Stevia und Zitronengras freuen sich über die Wärme und den Schutz des Hauses.

Der Gemüsegarten (Beet 12) und auch das kleine Gärtchen mit besonderen alten Gemüsesorten vor dem Werkhof beherbergen in der Saison eine große Fülle von verschiedenen Gemüse- und Salatpflanzen.

Mit den Hochbeeten und den Strohballenbeeten zeigen wir weitere Möglichkeiten des Gemüseanbaus.

Wir laden Sie ein, auf den Wegen durch die Gemüsebeete zu flanieren und die verlockend aussehenden Pflanzen zu bewundern.

Unterhalb des Kräuter Marktes (Beet 19) im landwirtschaftlichen Lehrpfad werden landwirtschaftliche Kulturen in anschaulicher Weise angebaut. Alte Getreidearten wie Emmer und Einkorn finden Sie hier neben Lein und Buchweizen, Linsen und Gerste neben Mais und Schabzigerklee.

GEWÄCHSHAUSKULTUREN

Im Gewächshaus (14) befindet sich zur Erntezeit das Schlaraffenland des Kräutergartens – natürlich nur zum Anschauen! Eine Seite des Foliengewächshauses bietet guten Pflanzboden, der jedes Jahr mit Kompost und einer Grunddüngung mit z. B. Hornmehl verbessert wird, die andere Seite ist mit stabiler wasserdurchlässiger Folie zum Aufstellen bepflanzter Töpfe ausgelegt. Dazwischen verläuft ein breiter Weg. Ab Mitte Mai pflanzen wir in den sonnigeren und trockeneren Teil des Gewächshauses biologisch angebaute Tomaten-Jungpflanzen verschiedener Sorten in den Boden, in den vorderen Teil hauptsächlich veredelte Gurken und einige weitere Gemüsepflanzen wie Andenbeeren oder Chilis.

Tomatenpflanzen im großen Topf und bei guter Pflege sind sehr ertragreich.

Dazwischen fühlen sich verschiedene Sorten von Basilikum recht wohl. Diese sollten genügend Licht bekommen und nicht zu nass stehen. Wichtig: Basilikum gut vereinzeln!

Auf die andere Seite des Weges stellen wir große Töpfe und bepflanzen diese mit Paprika, Auberginen, Andenbeeren, Tomaten und vielem anderen, wie auch Stevia oder sonstigen wärmeliebenden Besonderheiten. Damit es den nährstoffhungrigen Tomaten und allen Pflanzen darin gut geht, wählen wir einen großen Topf aus (ca. 30 Liter Volumen). Gleich bei der Befüllung legen wir unten eine Drainage mit Scherben, Steinen oder Rindenmulch hinein, damit keine Staunässe entstehen kann. Die Abflusslöcher der Töpfe sind sonst schnell verstopft, woraufhin die Pflanze, bevor wir es rechtzeitig merken, Schaden an der Wurzel nehmen kann. Um den Grundnährstoffbedarf zu sichern, füllen wir den Topf mit eigenem, gesiebten Kompost zu etwa ¾ auf, für das obere Viertel verwenden wir zugekaufte sterile Erde. Sehr gut sind auch Bananenschalen (in Bioqualität) und Brennnesseln zur Nährstoffversorgung geeignet, die klein geschnitten direkt in die Erde gegeben werden können.

Im Verlauf der Saison düngen wir mit einem biologischen Flüssigdünger oder zwischendurch mit selbst angesetzten Pflanzenjauchen, wie z. B. aus Brennnessel oder Beinwell. Die frischen Blätter setzen wir mit Wasser an und lassen dies etwa eine Woche zugedeckt stehen. Ab und zu umrühren! Mit Gesteinsmehl wird der strenge Geruch etwas gemildert. Dann kann die entstandene Brühe, etwa 1:10 verdünnt, als gehaltvoller Dünger verwendet werden.

Gurkenpflanzen ranken in die Höhe.

Die Lüftung und ebenso die Tröpfchenbewässerung des Gewächshauses regeln wir elektronisch.

Gegen Schädlinge im Gewächshaus, wie Weiße Fliege oder Blattläuse, setzen wir Nützlinge wie Raubmilben, Schlupfwespen oder Florfliegenlarven ein. Dafür benutzen wir spezielle „Nützlings-Kärtchen" (oder Röhrchen) und befestigen sie in der Nähe der gefährdeten Pflanzen. Die ausgeschlüpften Tiere fressen dann die Schädlinge.

Gegen die Schneckenplage im Garten helfen uns sogenannte Schneckennematoden, natürliche Feinde der schleimigen Plage. Nematoden, kleinste Fadenwürmchen, kommen in vielerlei Arten natürlich vor. Manche sind auf Schnecken spezialisiert und sind völlig ungefährlich für den Menschen und andere Tiere! Geliefert werden die Nematoden in kleinen Tütchen mit einer gelartigen Substanz, die wir dann in Gießkannen mit Wasser auflösen und im ganzen Garten verteilen.

Wir versuchen, auch bei den Gewächshauskulturen eine möglichst große Sortenvielfalt zu zeigen. Vor allem bei Tomaten ist inzwischen eine unglaubliche Anzahl verschiedenster Formen, Farben und Größen erhältlich.

Eher wildere, kleine Tomaten, wie die Johannisbeertomate, sowie gelbe, dunkelrote und längliche Tomaten, bis hin zur riesigen Sorte ‘Ochsenherz’, gedeihen hier zum Erstaunen der Besucher. Die veredelten Gurkenpflanzen schlängeln sich hoch hinauf und tragen lange Salatgurken oder kürzere Vespergurken. Auch eine mexikanische Mini-Melone mit nur bis zu 5 Zentimeter großen Früchten (Gürkchen) zeigen wir vor allem Kindergruppen gern.

Die „wilden" Tomatensorten fallen auf, denn sie werden mehrtriebig gezogen und

Bunte Ernte von Paprika, Peperoni, Johannisbeertomaten und Gurken.

entwickeln sich zu großen Büschen mit vielen kleinen Früchten. Alle anderen werden ausgegeizt, indem am Haupttrieb alle Seitentriebe bereits sehr früh entfernt werden.

Wir binden schon beim Setzen die Tomaten und Gurken mit einem lockeren (!) Knoten an einen festen Strick, dessen anderes Ende an einem stabilen Draht unterhalb des Daches befestigt wird. Alle paar Tage schlingen wir den Strick um die dann höher gewachsene Pflanze. Das Gewicht einer fruchtbehangenen Pflanze ist enorm, der Halt muss ausreichend sein.

Paprika in verschiedenen Sorten stützen wir mit Stäben. Neben den üblichen gelben, roten und grünen Sorten fiel den Besuchern im Jahr 2016 eine dunkelviolette, fast schwarze Sorte auf. Peperoni zeigen ihre verschiedenen Schärfegrade erst bei einer Kostprobe. Aber Vorsicht! Meistens haben wir die scharfe ‘Habanero’ im Sortiment!

Sorten wie diese violette Paprika sind ein Hingucker für Besucher.

BEEREN UND GEMÜSE

Auch unter freiem Himmel laden wir Sie gern dazu ein, sich unser kleines Schlaraffenland im Beerengarten und in den Gemüsegartenbereichen anzuschauen.

IM BEERENGARTEN

Im Beerengarten (Beet 10) wachsen Beeren aller Art, die wir je nach Ertrag zum Kräutermarkt oder in das Kochstudio bringen. Erdbeeren verschiedener Sorten bilden den Vordergrund, mit einjährigen Blütenaussaaten umrahmt. Erdbeeren müssen immer wieder umgesetzt werden. Nach etwa drei Jahren lässt der Ertrag nach, und im Sommer sollten Jungpflanzen der eigenen Kulturen oder zugekaufte in einen gut vorbereiteten Boden gesetzt werden, an dem mindestens drei Jahre keine Pflanzen aus der Familie der Rosengewächse gewachsen sind. Sonst ist der Boden „müde" und die Pflanzen gedeihen nicht richtig.

Rote und Schwarze Johannisbeeren, Josta oder Jochelbeere (eine Kreuzung zwischen Schwarzer Johannisbeere und Stachelbeere) und Stachelbeersträucher werden langsam älter und haben mehr Ertrag. Eine (noch nicht so bekannte) Wolfsbeere (Goji) wuchert etwas und zeigt im Spätsommer ihre säuerlichen orangen Beeren. Die Goji-Beere steht im Ruf, durch den hohen Gehalt an Vitalstoffen ein sogenanntes „Superfood" zu sein. Die Pflanzen sind winterhart und sollten mit einer Wurzelsperre gesetzt werden. Heidelbeeren wachsen nur in saurem Boden. Wenn Sie diesen nicht haben, aber Heidelbeeren setzen möchten, graben Sie ein größeres Pflanzloch aus, füllen es völlig mit Rhododendronerde und setzen dort den gewässerten Wurzelballen der Pflanze hinein. Zur besseren Befruchtung sollten Sie immer zwei Sträucher setzen. Unsere Heidelbeeren tragen recht gut, nur müssen wir regelmäßig gießen – und schneller sein als die Vögel!

Stachelbeeren gibt es in rotfruchtigen, grünen oder gelbfruchtigen Sorten.

An den Rankdrähten haben wir auf der einen Seite Sommer-Himbeeren gepflanzt. Sie tragen im frühen Sommer. Die Ruten werden im Herbst nur teilweise heruntergeschnitten, denn die jungen Triebe sind die Frucht-Ruten für das nächste Jahr.

Die später tragenden Himbeeren der anderen Seite werden im Herbst ganz heruntergeschnitten.

Die Brombeeren im hinteren Spalier sind unterschiedlich empfindlich. Die dornenlosen Sorten sind meist nicht so wüchsig, aber besser zu ernten. In manchen Wintern können die Triebe erfrieren. Deshalb sollte man am besten die Triebe im Winter auf den Boden legen und mit Reisig oder Strohmatten schützen.

Roter hoher Grünkohl 'Redbor F1', begleitet von Gewürztagetes.

IM GEMÜSEGARTEN

Im Gemüsegarten (Beet 12) berücksichtigen wir eine Fruchtfolge nach Familienzugehörigkeit der Gewächse sowie einen Wechsel von Starkzehrern und Schwachzehrern. Schmetterlingsblütler wie Bohnen und Erbsen sind z. B. Schwachzehrer, da sie in der Lage sind, den Stickstoff aus der Luft mit Hilfe von Bakterien zu binden. Doch um einen guten Wuchs zu zeigen, sollten diese Gewächse mindestens 3 Jahre nicht auf demselben Platz gepflanzt werden. Ebenso ist zu empfehlen, dass sich Doldenblütler und Kohlgewächse abwechseln. Auch Nachbarschaften sind wichtig: Manche Pflanzenarten verstärken sich im Wuchs, andere hindern sich gegenseitig. Im Kräutergarten versuchen wir, unser Gemüse dementsprechend anzubauen, und düngen nach rein biologischen Richtlinien. Gründünger wird zwischen Kulturen gesät, und auch Blumen, wie die essbaren Gewürztagetes und Ringelblumen, sind hübsche und sinnvolle Begleiter.

Schneckennematoden und der Einsatz von Kaffeesatz verringern den Schaden durch die gefräßigen Nacktschnecken, doch je nach Wetterlage sind wir manchmal machtlos.

Gern möchten wir auch im Gemüsegarten eine große Sortenvielfalt zeigen, um Besucher „auf den Geschmack zu bringen", Neues auszuprobieren und Altes wiederzubeleben.

So wachsen neben grünen Zucchini auch gelbe, und bunter Mangold (siehe Rezept Seite 111) wächst neben Pastinaken. Wir kultivieren Stangenbohnen mit grünen und gelben Schoten ebenso wie Feuerbohnen, allerlei Buschbohnen und Dicke Bohnen. Erbsen in vielen Sorten dürfen nicht fehlen. Auffallend sind der hohe rote Grünkohl 'Redbor F1' und der Palmkohl 'Nero di Toscana', an dem die

Gelbe Zucchini.

Blätter von unten nach und nach geerntet werden können. Möhren, Zwiebeln, Radieschen und Salate werden gesät, gesteckt oder als Jungpflanze gesetzt. Die „eigene Ernte" wird später im Kräutermarkt unter dieser Bezeichnung verkauft.

Bei der Sortenauswahl achten wir auf guten Geschmack und den Anbau regionaler Sorten, wie z. B. die Stangenbohne 'Hilds Neckarkönigin' oder der Rettich 'Neckarruhm'.

Die Züchtung und Weiterentwicklung regionaler Gemüsesorten sollte dringend wieder an Bedeutung gewinnen und ist vor allem für den Bio-Anbau sehr wichtig, da klimatisch angepasste Sorten meist stabiler sind. Leider wird dies durch strenge Sorten-Lizenzrichtlinien und aufwändige bzw. kostspielige Verfahren von der Gesetzgebung eher behindert.

HOCHBEETE UND STROHBALLEN

Um auf die herrlich rückenschonende Möglichkeit von Hochbeeten hinzuweisen, haben wir zwei verschieden große Holz-Hochbeete aufgestellt, die wir unterschiedlich bepflanzen (Foto Seite 102/103). Allgemein sind die Maße solcher Kästen zunächst abhängig vom Material, das zur Verfügung steht, vom Platzbedarf und von der eigenen Körpergröße.

Die Kästen haben wir mit stabiler Folie ausgeschlagen, um eine längere Haltbarkeit zu gewährleisten. Auch der Boden wird mit einer (wasserdurchlässigen) Folie gegen durchwach-

Kürbis und Mangold, auf Strohballen gezogen.

sendes Unkraut und evtl. mit Draht gegen Mäusebefall geschützt. Die unterste Schicht sollte aus lockerem Material, wie dicken und dünneren Zweigen, bestehen. Auch Blattwerk in nicht zu hohem Anteil oder trockener Staudenschnitt ist möglich. Gut zusammengepresst kann die Schicht etwa ⅔ bis ¾ des Gesamtvolumens einnehmen. Zur Vermeidung einer Vermischung sollte ein Gartenvlies diese Schicht von der nächsten trennen.

Die nächste Schicht besteht aus frischem Kompost, die oberste für die Pflanzzone aus fertigem Kompost. Sie kann mit Pflanzerde abgedeckt werden, wenn der Kompost zu schwer ist oder zu viele Unkrautsamen enthält. Sie können natürlich auch den gesamten Kasten mit einer guten Pflanzerde füllen.

Die Bepflanzung von Strohballen ist eine andere gute Methode, erhöhte Gemüsebeete anzulegen. Die festen Ballen müssen gedüngt und vorher durchdringend gewässert werden. In hineingearbeitete Pflanzlöcher haben wir 2016 Kompost gefüllt und Pflanzen gesetzt, die sich sichtlich wohlgefühlt haben. Wir sind gespannt auf weitere Erfahrungen in diesem für uns neuen Gebiet.

In die vorbereiteten Kästen oder Strohballen kann alles hineingepflanzt werden, was das Herz begehrt, außer extrem Wucherndes oder besonders groß Wachsendes. Auch Mehrjähriges wäre sinnlos, da Strohballen meist schon nach einem Jahr in sich zusammen fallen. Aber auch Holz hält leider nicht ewig.

Im ersten Jahr haben wir Starkzehrer wie Palmkohl, Brokkoli und geeignete Tomaten in das Hochbeet gesetzt. Kapuzinerkresse und Erdbeeren freuten sich auch über den „guten" Boden. Im folgenden Jahr können sich vielleicht Erbsen breit machen, gemeinsam mit Radieschen und Kräutern. Natürlich muss das Beet manchmal auch mit Kompost wieder aufgefüllt werden. Dies sollte im Laufe der Jahre regelmäßig gemacht werden.

KARTOFFELN

Auch im Garten einer Teigwarenfirma wie ALB-GOLD nehmen Kartoffeln einen wichtigen Platz ein. Sie können in vielen Gerichten mit Nudeln fein kombiniert werden.

Unsere Kartoffelernte fällt sehr bunt aus!

KRÄUTER WELT-REZEPT

Pizzoccheri-Rezept

Zutaten für 4 Personen:
400 g festkochende (bunte?) Kartoffeln
200 g Mangold
10–15 große Salbeiblätter
3 Zehen Knoblauch
250 g Berg- oder Raclettekäse
400 g Seitz Buchweizen-Fusilli (glutenfrei)
80 g Butter
Salz und Pfeffer

- Kartoffeln schälen und in ca. 1 Zentimeter große Würfel schneiden; Mangold waschen, Stiele und Blätter in ca. 1 Zentimeter lange Streifen schneiden. Salbeiblätter in dünne Streifen, Knoblauch in dünne Scheiben schneiden. Käse reiben.
- Salzwasser in großem Topf zum Kochen bringen. Erst Kartoffeln hineingeben, nach 5 Minuten Mangold dazugeben, darin kochen. Nach weiteren 5 Minuten Nudeln hinzufügen, sehr bissfest kochen, dann alles mit dem Sieb abgießen. Inzwischen die geschnittenen Salbeiblätter und die Knoblauchscheiben in der Butter anbraten.
- Die Gemüsenudeln, Salbei, Knoblauch und Käse in eine feuerfeste Form einschichten und im vorgeheizten Backofen bei 200 °C ca. 20 Minuten garen.

Haferwurz, eine alte Kulturpflanze, verwandt mit dem Wiesenbocksbart.

Kartoffeln gibt es in rund 5000 Sorten. Sie kommen ursprünglich aus dem südamerikanischen Raum. Ursprungssorten unserer Kartoffel stammen aus Peru und wurden nach der Entdeckung Amerikas erst langsam als Nahrungsmittel eingeführt.

Zunächst war die Kartoffel als besondere Zierpflanze in nur wenigen Gärten vorhanden. Erst Mitte des 18. Jahrhunderts wurde in Sachsen und Preußen der Kartoffelanbau im großen Stil vorangetrieben.

Im Kräutergarten freuen wir uns darüber, dass mit wunderschönen farbigen Sorten der Knollen und auch der Blüten auf die große Vielfalt der Kartoffeln aufmerksam gemacht werden kann.

Bamberger Krumbeeren und Rosa Tannenzapfen sind durch Form und Geschmack ein außergewöhnlicher Kartoffelgenuss, ebenso wie rosa oder hellblauer Kartoffelbrei. Doch auch „normale" Sorten wie Linda oder Ackersegen unterscheiden sich sehr in Geschmack und Festigkeit. Probieren Sie es aus ...

Für den Anbau ist es wichtig, dass Kartoffeln erst nach 3 Jahren wieder am gleichen Platz angepflanzt werden. Das Gute dabei: Die Pflanze lockert den Boden hervorragend und bereitet ihn für die nächste Kultur prima vor. Für das kommende Jahr bedeutet dies im Kräutergarten, dass der Gemüsebereich mit dem Anbaubereich der Kartoffeln getauscht wird und in die hintere Hälfte des großen Beetes 12 wechselt. Der Boden dort zeigt keinerlei „Bodenmüdigkeit" für die anderen Gemüse-Familien.

Tipp: Für die Pflanzung von Kartoffeln im Frühjahr den Boden gut lockern, tiefe Rillen im Abstand von ca. 60 Zentimeter ziehen und die einzelnen Knollen im Abstand von ca. 30 Zentimeter hineinlegen. Dann mit Erde abdecken. Wenn die Pflanzen ungefähr 10 Zentimeter hoch getrieben sind, nochmals Gartenerde anhäufeln. Auch in großen Töpfen lassen sich Kartoffeln ziehen.

ALTE GEMÜSESORTEN

Zum Erhalt der Sortenvielfalt möchten wir auf die Wichtigkeit der Vermehrung und Weiterzüchtung alter Gemüsesorten besonders hinweisen. Deshalb haben wir vor dem Werkhof ein spezielles Themenbeet angelegt, in dem die Besucher früher kultivierte und fast vergessene Gemüsesorten, wie Haferwurz und Zuckerwurz neben einer roten Spargelerbse und dem hohen Baumspinat betrachten können. Knollen-Ziest und Sumpf-Ziest bieten schmackhafte Knollen im Herbst, Lokalsorten wie z. B. die Rübe 'Ulmer Ochsenhörner' dürfen nicht verlorengehen. Damit möchten wir uns den vielen Initiativen anschließen, die Saatgut als altes Kulturgut ansehen und wieder als wichtiges Thema in die Öffentlichkeit bringen.

Das Problem ist komplex. Aber es besteht vor allem darin, dass Saatgut bestimmte Qualitätsanforderungen erfüllen und amtliche Zulassungsverfahren bestehen muss, um in der EU verkauft werden zu können. Dadurch gerät die Saatgutproduktion immer mehr in die Hände von Firmen, die sich diese kostspieligen Verfahren leisten können. Die Vielfalt durch Auswahl und Züchtung in den Händen der Anbauer gerät ins Hintertreffen und wird sehr erschwert. Dazu kommt die Entwicklung von Züchtungen, die nicht mehr ohne Nachteile vermehrbar sind. Pflanzen mit einer Kennzeichnung als sogenannte F1-Hybriden sind besonders großfruchtig oder ertragreich – doch der spätere Samen der angebauten Frucht ist bei der Aussaat unter Umständen nicht mehr keimfähig. Oder die Pflanzen entwickeln sich alle völlig unterschiedlich, ohne die guten Eigenschaften der vorherigen Generation zu besitzen. Manche dieser Hybrid-Züchtungen großer Firmen sind genmanipuliert und mit Resistenzen gegen spezielle Unkrautvernichtungsmittel verbunden. Das ermöglichte vor allem in Entwicklungsländern Anbauverfahren, die später durch entstandene große Umweltprobleme und schwierige Konsequenzen für die dortigen Anbauer in Verruf gerieten. Darum ist es wichtig und gut, dass mehr Menschen Wert auf Pflanzenvielfalt, Verwendung alter Gemüsesorten und die Züchtung stabiler und geschmackvoller Sorten legen.

Baumspinat. Die grünen und lilafarbenen Blätter können geerntet und wie Spinat verwendet werden.

Durch den bewussten Genuss dieser Vielzahl an Gemüsesorten tragen wir am angenehmsten dazu bei, dass altes Kulturgut nicht in Vergessenheit gerät und sich Neuzüchtungen an geschmacklichen Bereicherungen und sinnvollen Anbaumöglichkeiten orientieren.

GETREIDE UND LANDWIRTSCHAFTLICHE KULTUREN

Klatschmohn begleitet den Acker schon seit Urzeiten, wenn nicht gespritzt wird.

Etwas abseits im Garten unterhalb des kleinen Teiches befindet sich mit dem Gebiet 19 ein Acker, auf dem wir verschiedenste Getreidearten und andere landwirtschaftliche Kulturen, wie Lein und die für das Schwabenland sehr wichtigen Linsen, zu Schauzwecken anbauen. Aufgestellte Tafeln mit Beschreibungen, Bildmaterial und Zuordnungsspielen tragen zur Veranschaulichung des landwirtschaftlichen Anbaus bei und können gern auch von Schulklassen und bei speziellen Führungen genutzt werden. Linsen mit Spätzle essen im Ländle viele gern! Doch wie eine Linsenpflanze aussieht, weiß kaum jemand – wissen Sie es? Ein wenig nachvollziehbar machen wir die lange Geschichte des Getreides, speziell des Weizens, am Beispiel von Urformen wie Emmer und Einkorn.

Einkorn ist eine sehr zierliche Urform des Weizens, hellgrün und in der Reife beinah golden, die Ähren bleiben aufrecht. Emmer wird wesentlich höher. Der Schwarze Emmer, den wir hier zeigen, ist eine Sorte mit auffallend dunklen Ähren und deswegen sehr dekorativ. Es gibt auch hellen und roten Emmer. Einkorn und Emmer werden wieder sowohl als Brotgetreide als auch zur Teigwarenproduktion verwendet und gelten als sehr gesunde und eiweißreiche Getreide. Jedoch ist der Anbau bei vergleichsweise geringem Ertrag aufwändig. Zudem muss ein spezielles Mahlverfahren angewandt werden, da bei beiden Arten das Korn nicht aus dem Spelz fällt, wie dies beim „normalen" Weizen der Fall ist.

Auch Dinkel benötigt ein zusätzliches spezielles Mahlverfahren. Der Anbau von Dinkel hat auf der kargen Schwäbischen Alb eine lange Tradition und wurde auch durch den Anbau vom üblichen Hochleistungsweizen

ALB-GOLD-NUDELREZEPT

Lauwarmer Linsensalat mit Wellenspätzle (glutenfrei)

Zutaten für 4 Personen:
250 g Alb-Leisa oder Beluga-Linsen
500 ml Seitz Gemüsebrühe (glutenfrei)
250 g Seitz Wellenspätzle (glutenfrei)
250 g Cocktailtomaten
80 g getrocknete Tomaten
½ Bund Basilikum
1 Zucchini
100 g Lauch
5 EL Öl
4 EL Balsamico di Modena
Garam Masala
Salz, Pfeffer
1 TL Ahornsirup

- Linsen durch ein Sieb klarspülen, mit der Gemüsebrühe in einen Topf geben und ca. 10 Minuten bissfest garen. Abgießen und kalt abschrecken.
- Nudeln nach Packungsanleitung in reichlich kochendem Salzwasser al dente garen, abgießen und kalt abschrecken.
- Cocktailtomaten waschen, vierteln. Getrocknete Tomaten in kleine Stücke schneiden. Basilikum waschen, trockenschütteln, Blättchen abzupfen und in Streifen schneiden. Zucchini waschen, in Scheiben schneiden und stifteln. Lauch gründlich waschen, längsseits halbieren und in dünne Halbringe schneiden. In einer Pfanne 1 Esslöffel Öl erhitzen, darin Zucchini und Lauch kurz anbraten und zur Seite stellen.
- Aus dem restlichen Öl, Balsamico, Garam Masala, Salz, Pfeffer und Ahornsirup ein Dressing bereiten. Mit den Nudeln, den Linsen und dem Gemüse mischen. Kräftig abschmecken, Basilikumstreifen unterheben und lauwarm servieren.

Evtl. mit Taglilienblüten dekorieren.

Schwarzer Emmer, ein sehr dekoratives Urgetreide.

nie völlig verdrängt. Nun erlebt er hier eine regelrechte Renaissance und ist inzwischen als Brotgetreide und in der Teigwarenproduktion nicht mehr wegzudenken. Schon für Hildegard von Bingen war Dinkel ein vorzügliches Getreide, das „frohen Sinn und Freude im Gemüt des Menschen“ schafft. In einigen Gegenden Deutschlands wird er noch unreif, also grün, geerntet und mit seinem feinen, nussigen Geschmack für besondere Getreidegerichte, wie z. B. Grünkernküchle, verwendet.

Im Bio-Anbau werden außerdem Getreidesorten wichtig, die nicht so „hungrig“ sind wie der übliche ertragreiche Weizen, der nur mit genügend Mineraldünger und der Beseitigung von Konkurrenz-Kräutern lohnende Erträge bringt. Viele Hofsorten, die früher bei Weizen (und anderen Getreidearten) durch die Züchtung und Auslese der Bauern selbst entstanden sind, gerieten in Vergessenheit. Manche sind in Genbanken bewahrt und können eine Grundlage für neue Züchtungen angepasster Sorten sein.

Im Kräutergarten versuchen wir, unterschiedliche Weizensorten zu zeigen, darunter auch begrannten Weizen. Hartweizen als wichtiges Getreide für die Teigwarenproduktion (er hat gute Klebeeigenschaften!) wird inzwischen für die Firma ALB-GOLD im Vertragsanbau auch in Deutschland angebaut, ist jedoch sehr wärmeliebend. Die Vögel lieben ihn!

Binkel zeigen wir ebenfalls gern. Dies ist ein Zwergweizen, der bereits in der Steinzeit angebaut wurde und Gedanken an unsere Vorfahren wach werden lässt.

Roggen, Hafer, Mais, Hirse, Gerste – auch von diesen Hauptgetreidearten gibt es viele Sorten, je eine davon haben wir meist auf unserem Acker. Sie sind durchmischt mit Mohn, Kornrade und Kornblumen, weniger absichtlich mit der häufigen Ackerkratzdistel und dergleichen ...

Gerste wird traditionell mit Linsen zusammen angebaut, die ein Stützgetreide benöti-

Dinkel, auf der Alb wieder häufig angebaut.

gen, um nicht auf dem Boden zu liegen und dadurch zu faulen. Linsen wurden früher auf der Alb häufig angebaut, der geringe Ertrag und der hohe Aufwand führten jedoch zu einer Verlagerung in Anbaugebiete Osteuropas oder zu Importen aus Kanada. Dabei ist die Nährstoffkombination von Linsen und Getreide äußerst gesund und in Regionen mit extrem kurzer Anbauzeit, wie z. B. im Himalaya, ein wichtiges Grundnahrungsmittel.

Die Größe der Pflanze und der Schote mit den zwei Linsen darin zeigt deutlich den Grund für die Verlagerung des Anbaus. Doch ein findiger Schwabe entdeckte vor ein paar Jahren zwei alte „Alb-Leisa"-Sorten in einer Genbank im fernen St. Petersburg. Dies führte zu einer Wiederbelebung des Linsenanbaus auf der Schwäbischen Alb. Unterstützt durch den Slogan „Essen, was man retten will" der Slow-Food-Vereinigung und anderen Initiativen sind immer mehr Menschen dazu bereit, für Besonderes auch mehr zu zahlen.

Wie oben bereits genannt, haben wir auch Lein als wichtige Kulturpflanze der Schwäbischen Alb auf dem Acker ausgesät. Früher wurden große Felder mit Flachs für die Leinenproduktion bewirtschaftet. Dabei lag der Schwerpunkt auf Sorten mit stabilen Fasern, die einen wichtigen Rohstoff für die angesiedelte Bekleidungsindustrie darstellten. In der Region wurde ebenfalls Hanf angebaut – Sorten mit geringem Wirkstoffgehalt, aber extremer Festigkeit.

Nach Durchlaufen eines aufwändigen Antrages zur Genehmigung des Anbaus, konnten wir im ersten Jahr einige Hanfpflänzchen

Lein, auch Flachs genannt – eine alte Nutzpflanze.

ausstellen, die zum Schutz vor allzu hungrigen Vögeln in einem Vogelkäfig untergebracht waren. Im zweiten Jahr hatten wir eine ganze Reihe herrlicher Cannabispflanzen (ohne halluzinogene Wirkung) auf dem Acker, die eines Morgens plötzlich verschwunden waren! Nach dieser Erfahrung stellten wir den Anbau von Cannabis ein.

Der Anbau von Schlafmohn muss ebenfalls genehmigt werden.

Buchweizen ist kein Getreide, sondern eine Pflanze aus der Familie der Knöterichgewächse. Durch die Zunahme von Allergien gegen Weizen- und andere Getreideprodukte mit Gluten hat der Anbau von Buchweizen an Bedeutung gewonnen, da die Körner, ähnlich wie Getreide, zu Mehl verarbeitet werden können. Aus Buchweizenmehl oder aus Buchweizen selbst lassen sich feine Gerichte zubereiten.

Auch die Körner bestimmter Amarantsorten können Sie als Müslizutat oder in Broten verwenden und die jungen Blätter wie Spinat zubereiten. Amarant stammt ursprünglich aus Südamerika und wird auch Inka-Getreide genannt, da er dort zur Grundnahrung gehörte.

Weitere meist von uns auf dem Acker angebaute Pflanzen sind Bockshornklee, wichtiger Bestandteil von Currymischungen und eine würzige Zutat in manchen Hartkäsesorten, sowie der in Österreich bekannte Schabzigerklee.

Sojabohnen sind ungewöhnliche Albbewohner. Die ausgewählte Sorte ‘Funke’ gilt als kältetolerant, ein langer warmer Sommer ist jedoch für die Reifeentwicklung der Bohnen nötig.

Raps dagegen ist eine verbreitete Ackerpflanze zur Ölgewinnung. Leindotter war in früherer Zeit ebenfalls dafür wichtig, deshalb kultivieren wir ihn nun auch hier.

Färberwaid zeigt dem Raps ähnliche, leuchtend gelbe Blüten. Er wurde früher zum Blaufärben von Stoffen verwendet, bis ihn der Echte Indigo, und später die synthetische Herstellung von Farbstoffen, ablösten.

Buchweizen: Die gemahlenen dreieckigen Samen ergeben ein gehaltvolles Mehl.

Schabzigerklee blüht blau und bekommt erst nach einiger Zeit der Welke den typischen Geruch.

Beim Blaufärben mit Färberwaid werden die Blätter in einem bestimmten Wachstumsstadium geerntet, gemahlen, fermentiert und wieder getrocknet und später mit Wasser und Urin angesetzt. Nach einer gewissen Zeit können mit dem gewonnenen Sud Stoffe gefärbt werden. Zunächst entsteht ein gelber Farbton – erst nach der Einwirkung von Sauerstoff erhalten sie die begehrte blaue Farbe. Die Redewendung „Blau machen“ soll vom Heraushängen der mit Färberwaid behandelten Stoffe herrühren. Meist geschah dies wohl montags, da das Wochenende für das eigentliche Färben beansprucht wurde.

Kürbis- &
GeoPark

SERVICE

KOMMEN SIE UNS BESUCHEN

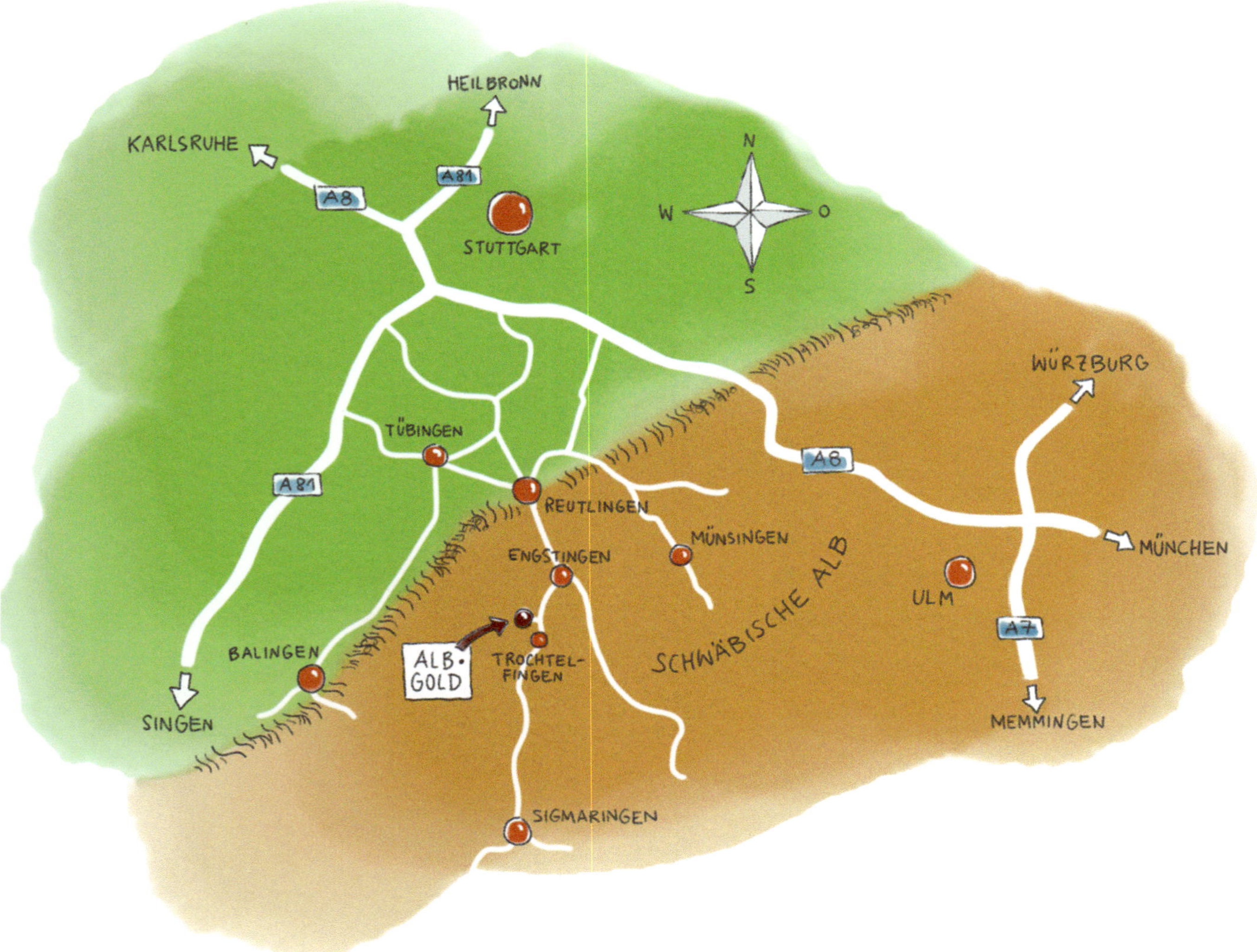

TOURISTISCHE ANZIEHUNGSPUNKTE RUND UM DIE ALB-GOLD KRÄUTER-WELT

Die Firma ALB-GOLD mit dem Kundenzentrum und ihrer Kräuter Welt befindet sich am Rand der malerischen Stadt Trochtelfingen auf der Schwäbischen Alb. Hier begeistern viele sehenswerte Ziele die ganze Familie.

Im Nachbarort Sonnenbühl liegen mit **Bärenhöhle** und **Nebelhöhle** gleich zwei große Schauhöhlen, beide ebenfalls Infostellen des Geoparks Schwäbische Alb. Der **Freizeitpark** der Bärenhöhle, der nahegelegene **Kletterpark** am Schloss Lichtenstein und eine **Sommerbobbahn** bieten stets Abwechslung. **Schloss Lichtenstein**, das **Sigmaringer Schloss** und die **Burg Hohenzollern** sind weitere herausragende Attraktionen in der Nachbarschaft.

Auch durch das **Biosphärengebiet Schwäbische Alb** hat sich die Region zu einem Zentrum für den Tourismus entwickelt. Das **Donautal**, das kleinere **Lautertal** und die gesamte Region ist mit Felsformationen, Wacholderheiden und schönen Buchenwäldern eine landschaftlich reizvolle Mittelgebirgslandschaft mit vielfältigen Freizeitmöglichkeiten wie Wandern, Fahrradfahren oder auch Kanusport.

Im **Geopark Schwäbische Alb** können Interessierte Versteinerungen und älteste Funde menschlicher Besiedlung bestaunen. Für Naturliebhaber sind Landschaftsschutzgebiete und die sehr ursprüngliche Vegetation ein Erlebnis. Auch die alte Universitätsstadt **Tübingen** liegt nahebei und bietet Kultur und städtisches Flair.

ALB-GOLD KUNDENZENTRUM

Die **Kräuter Welt** ist bei freiem Eintritt zu besichtigen und angeschlossen an das ALB-GOLD-Kundenzentrum des Teigwarenherstellers. Den **Kräutermarkt**, das **Restaurant** und den **Landmarkt** mit großer Auswahl an Teigwaren und auserwählten Lebensmitteln können Sie an sieben Tagen die Woche besuchen. Das **Kochstudio** bietet vielfältige Kochkurse und Kochshows an, zur beliebten „**Nudelnacht**“ wird den Gästen im Restaurant ein reichhaltiges Büfett mit ausgefallenen Nudelspezialitäten serviert.

An **Betriebsbesichtigungen** durch die Teigwarenproduktion können Sie montags bis freitags teilnehmen, ebenso an einem morgendlichen geführten Spaziergang durch die Kräuter Welt. Zudem lässt sich die Kräuter Welt bei separat gebuchten **Themenführungen** und speziellen **Seminaren** näher kennenlernen.

Die der Jahreszeit entsprechend stattfindenden ALB-GOLD-**Themenmärkte** sind weit bekannt und erfreuen sich wachsender Beliebtheit. Auf dem gesamten Gelände bieten eine Vielzahl verschiedener Kunsthandwerker und meinst regionaler Händler interessante und ansprechende Erzeugnisse an.

Auf der Internetseite www.ALB-GOLD.de erhalten Sie jederzeit verlässlich Auskunft über Öffnungszeiten und alle Termine und Veranstaltungen.

DIE AUTORIN

Christel Ehlers ist seit dem Jahr 2011 Leiterin der Kräuter Welt. Nach einem abgeschlossenen pädagogischen Studium entschied sie sich für eine Ausbildung zur Staudengärtnerin im Botanischen Garten Tübingen.

Ihr berufliches und persönliches Interesse wuchs mit der Vielfalt der Pflanzen, die sie kennenlernte.

Vor allem Kräuter faszinierten sie von jeher. Vor und nach ihrer Prüfung als Gärtnermeisterin im Jahr 1989 arbeitete Christel Ehlers in unterschiedlichen Gärtnereien in ihrer schwäbischen Wahlheimat. Nun kann sie sich im unglaublich artenreichen Garten der Kräuter Welt mit dem Schwerpunkt auf Kräutern wieder in einem botanischen Schaugarten engagieren.

DIE FOTOGRAFEN

Dietmar Nill (www.dietmar-nill.de) ist weithin bekannter Naturfotograf und Naturfilmer. Er ist Mitglied der Gesellschaft deutscher Tierfotografen (GDT). Seine Fotos wurden vielfach preisgekrönt. Seit 2009 widmet er sich hauptsächlich dem Naturfilm und hat auch in dieser Kunst bereits zahlreiche Preise gewonnen. Das Angebot, die ALB-GOLD Kräuter Welt für dieses Buch durch das Jahr zu fotografieren, nahm er gerne an, da für ihn der Kräutergarten quasi „vor der Haustüre" liegt.

Susanne Rein arbeitet bereits seit vielen Jahren mit ihrem Bruder Dietmar Nill in der Fototechnik. Die Leidenschaft zur Natur verbindet die beiden. Mit diesem Buchprojekt konnte sich die Gartenliebhaberin fotografisch auf Entdeckungsreise durch die faszinierende ALB-GOLD Kräuter Welt machen. Der Wandel von Frühjahr bis Herbst mit immer neuen Farben- und Blütenkombinationen war für sie eine bereichernde Erfahrung.

Ein einzigartiges Gartenporträt

Der Schau- und Sichtungsgarten Hermannshof arbeitet wissenschaftlich und experimentell an der Entwicklung einer modernen Pflanzenverwendung. In der Natur vorkommende Pflanzengesellschaften dienen dabei als Vorbild für Pflanzenbilder mit natürlichem Charakter und hohem ästhetischem Anspruch. Das milde Weinbauklima ermöglicht die Kultur einer großen Pflanzenvielfalt mit über 2500 Staudenarten und -sorten. Ferner prägen alte, in Deutschland zum Teil sehr seltene Gehölze die Anlage. Kommen Sie mit auf einen Spaziergang durch einen der schönsten Gärten Deutschlands und lassen Sie sich faszinieren!

Schau- und Sichtungsgarten Hermannshof.

Cassian Schmidt. 2., aktualisierte Auflage 2018. 96 Seiten, 80 Farbfotos, Flexcover.

ISBN 978-3-8186-0337-3.

BILDQUELLEN

Die Fotos stammen von **Dietmar Nill** und **Susanne Rein** (www.dietmar-nill.de) mit Ausnahme der folgenden:
Seite 28, 61, 98, 115: M. Klumpp, Leiter Marketing ALB-GOLD
Seite 91, 104, 124 u.r.: Christel Ehlers
Die Zeichnungen fertigte **Susanne Dinkel**, Reutlingen.

IMPRESSUM

Die in diesem Buch enthaltenen Empfehlungen und Angaben sind von der Autorin mit größter Sorgfalt zusammengestellt und geprüft worden. Eine Garantie für die Richtigkeit der Angaben kann aber nicht gegeben werden. Autorin und Verlag übernehmen keine Haftung für Schäden und Unfälle. Bitte setzen Sie bei der Anwendung der in diesem Buch enthaltenen Empfehlungen Ihr persönliches Urteilsvermögen ein.
Der Verlag Eugen Ulmer ist nicht verantwortlich für die Inhalte der im Buch genannten Websites.

Bibliografische Information der Deutschen Nationalbibliothek
Die Deutsche Nationalbibliothek verzeichnet diese Publikation in der Deutschen Nationalbibliografie; detaillierte bibliografische Daten sind im Internet über http://dnb.d-nb.de abrufbar.

Wollgrasweg 41, 70599 Stuttgart (Hohenheim)
E-Mail: info@ulmer.de
Internet: www.ulmer-verlag.de
Lektorat: Ina Vetter, Torsten Lasse und Dr. Christiane Wirth (Wirth Lasse GbR)
Herstellung: Martina Weber
Umschlagentwurf und Satz: Katja v. Ruville, Frankfurt am Main
Reproduktion: timeRay Visualisierungen, Jettingen
Druck und Bindung: Firmengruppe APPL, aprinta Druck, Wemding
Printed in Germany

ISBN 978-3-8186-0084-6